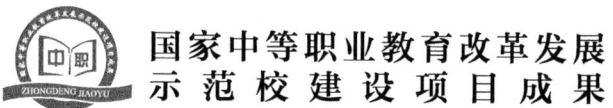

电子焊接工艺实训指导书

dianzi hanjie gongyi shixun zhidaoshu

主　编　黄利平
副主编　郑洁平
参　编　李晓思　陈用刚　区瑞良

知识产权出版社
全国百佳图书出版单位

责任编辑：石陇辉　　　　　　责任校对：谷　洋
封面设计：刘　伟　　　　　　责任出版：孙婷婷

图书在版编目（CIP）数据

电子焊接工艺实训指导书/黄利平主编．—北京：知识产权出版社，2016.5
国家中等职业教育改革发展示范校建设项目成果
ISBN 978-7-5130-2198-2

Ⅰ.①电…　Ⅱ.①黄…　Ⅲ.①电子技术—焊接工艺—中等专业学校—教材　Ⅳ.①TG456.9

中国版本图书馆 CIP 数据核字（2013）第 178905 号

国家中等职业教育改革发展示范校建设项目成果
电子焊接工艺实训指导书
黄利平　主编

出版发行：知识产权出版社有限责任公司				
社　　址：北京市海淀区西外太平庄 55 号		邮　　编：100081		
网　　址：http://www.ipph.cn		邮　　箱：bjb@cnipr.com		
发行电话：010-82000860 转 8101/8102		传　　真：010-82005070/82000893		
责编电话：010-82000860 转 8175		责编邮箱：shilonghui@cnipr.com		
印　　刷：北京九州迅驰传媒文化有限公司		经　　销：新华书店及相关销售网点		
开　　本：787mm×1092mm　1/16		印　　张：5.25		
版　　次：2016 年 5 月第 1 版		印　　次：2016 年 5 月第 1 次印刷		
字　　数：122 千字		定　　价：18.00 元		
ISBN 978-7-5130-2198-2				

出版权专有　侵权必究
如有印装质量问题，本社负责调换。

审定委员会

主　　任：高小霞

副主任：郭雄艺　罗文生　冯启廉　陈　强
　　　　　刘足堂　何万里　曾德华　关景新

成　　员：纪东伟　赵耀庆　杨　武　朱秀明　荆大庆
　　　　　罗树艺　张秀红　郑洁平　赵新辉　姜海群
　　　　　黄悦好　黄利平　游　洲　陈　娇　李带荣
　　　　　周敬业　蒋勇辉　高　琰　朱小远　郭观棠
　　　　　祝　捷　蔡俊才　张文库　张晓婷　贾云富

序

根据《珠海市高级技工学校"国家中等职业教育改革发展示范校建设项目任务书"》的要求，2011年7月至2013年7月，我校立项建设的数控技术应用、电子技术应用、计算机网络技术和电气自动化设备安装与维修四个重点专业，需构建相对应的课程体系，建设多门优质专业核心课程，编写一系列一体化项目教材及相应实训指导书。

基于工学结合专业课程体系构建需要，我校组建了校企专家共同参与的课程建设小组。课程建设小组按照"职业能力目标化、工作任务课程化、课程开发多元化"的思路，建立了基于工作过程、有利于学生职业生涯发展的、与工学结合人才培养模式相适应的课程体系。根据一体化课程开发技术规程，剖析专业岗位工作任务，确定岗位的典型工作任务，对典型工作任务进行整合和条理化。根据完成典型工作任务的需求，四个重点建设专业由行业企业专家和专任教师共同参与的课程建设小组开发了以职业活动为导向、以校企合作为基础、以综合职业能力培养为核心，理论教学与技能操作融合贯通的一系列一体化项目教材及相应实训指导书，旨在实现"三个合一"：能力培养与工作岗位对接合一、理论教学与实践教学融通合一、实习实训与顶岗实习学做合一。

本系列教材已在我校经过多轮教学实践，学生反响良好，可用做中等职业院校数控、电子、网络、电气自动化专业的教材，以及相关行业的培训材料。

珠海市高级技工学校

前　言

本书是电子技术专业优质核心课程"电子焊接工艺"的配套实训指导书。课程建设小组以电子焊接职业岗位工作任务分析为基础，以国家职业资格标准为依据，以综合职业能力培养为目标，以典型工作任务为载体，以学生为中心，运用一体化课程开发技术规程，根据典型工作任务和工作过程设计课程教学内容和教学方法，按照工作过程的顺序和学生自主学习的要求进行教学设计并安排教学活动，共设计了多个学习任务，每个学习任务下设计了多个学习活动。通过这些学习任务，重点对学生进行电子产品的焊接与制作行业的基本技能、岗位核心技能的训练，并通过完成循环彩灯、万能充电器的制作等典型工作任务的一体化课程教学达到与电子技术专业对应的电子焊接工艺岗位的对接，践行"学习的内容是工作，通过工作实现学习"的工学结合课程理念，最终达到培养高素质技能人才的培养目标。

本书由我校电子技术应用专业相关人员与珠海诚立信电子科技有限公司、澳米嘉电子有限公司等企业的行业专家共同开发、编写完成。本书由黄利平担任主编，郑洁平担任副主编，参加编写的人员有李晓思、陈用刚、区瑞良。全书由黄利平统稿，郭雄艺等参加了审稿和指导工作。

由于时间仓促，编者水平有限，加之改革处于探索阶段，书中难免有不妥之处，敬请专家、同仁给予批评指正，为我们的后续改革和探索提供宝贵的意见和建议。

编　者

目 录

项目一 焊接基础知识 ·· 1
  任务一 安全用电及文明操作 ·· 1
  任务二 万用表的认识与使用 ·· 4
  任务三 电阻的识别与检测 ··· 8
  任务四 电容电感的识别与检测 ··· 12
  任务五 半导体二极管的识别与检测 ·· 17
  任务六 半导体晶体管的识别与检测 ·· 19
  任务七 测试与总结 ··· 22

项目二 循环彩灯的设计与焊接 ·· 24
  任务一 认识和设计电路图 ··· 25
  任务二 元器件引线成形加工 ·· 26
  任务三 焊接工具、焊料及焊接的辅助材料 ·· 31
  任务四 手工焊接方法 ··· 36
  任务五 循环彩灯电路的装配与焊接 ·· 40
  任务六 循环灯电路调试与验收 ··· 44
  任务七 测试与总结 ··· 45

项目三 万能充电器的制作 ·· 47
  任务一 认识表面贴装技术（SMT）及贴片元器件 ································· 48
  任务二 认识万能充电器电路 ·· 53
  任务三 贴片焊接工具、焊料等辅助材料 ··· 55
  任务四 表面贴装元器件的方法 ··· 58
  任务五 充电器电路的装配与焊接 ·· 64
  任务六 充电器电路调试与验收 ··· 69
  任务七 测试与总结 ··· 73

项目一 焊接基础知识

【工作情景描述】

电子焊接工艺在电子产品制造工艺过程中起到很重要的作用,它的操作是否安全、规范决定着人身安全及电子产品的质量,因此,焊接时注意用电安全及对常用元器件的认识与检测就必不可少了。

【知识目标】

(1) 熟悉常用元器件的种类。
(2) 理解常用元器件的作用。

【技能目标】

(1) 培养学生对电子技术的兴趣。
(2) 能采取合适的手段将静电对元器件的伤害降到最小。
(3) 能懂得电阻、电容、晶体管、变压器等元器件识别、测量与选择。
(4) 能操作规范并熟练使用测量工具。

【工作流程与内容】

任务一　安全用电及文明操作
任务二　万用表的认识与使用
任务三　电阻的识别与检测
任务四　电容电感的识别与检测
任务五　半导体二极管的识别与检测
任务六　半导体晶体管的识别与检测
任务七　测试与总结

任务一　安全用电及文明操作

【学习目标】

(1) 正确使用各种防静电设备。

(2) 按要求进行触电急救。
(3) 能明确个人任务要求。

【学习地点】

实训室

【学习课时】

2 课时

【学习过程】

一、收集信息

(1) 你认为电子技术工作人员应该干些什么？他们应该具备哪些基本素质？
_____
_____
_____

(2) 从事电子技术专业会有危险吗？有哪些危险？
_____
_____
_____

(3) 通过查阅、学习资料，你觉得应该怎样进行静电防护，使对电子元件伤害最小？
_____
_____
_____
_____

二、技能实训

1. 技能训练器材与工具

符合安全用电要求的实训室及实训设备、防静电手腕带、脚腕带、工作服、鞋袜、帽、手套或指套、触电急救。

2. 技能训练要求

(1) 正确使用各种防静电设备。
(2) 按要求进行触电急救。

三、综合评价（见表1-1）

表1-1

评价项目	自我评价			小组评价			教师评价		
	8~10	6~7	1~5	8~10	6~7	1~5	8~10	6~7	1~5
学生纪律与积极性									
资料收集									
防静电设备的使用									
触电急救									
安全操作规程执行									
协作精神及时间观念									
任务完成情况									
总评									

【知识链接】

一、电子焊接人员应具备的素质

（1）工作人员必须具备必要的电工知识，按其职务和工作性质，熟悉安全操作规程和运行维修操作规程。

（2）工作人员应加强自我保护意识，自觉遵守供电安全、维修规程，发现违反安全用电并足以危及人身安全、设备安全及存在重大隐患时应立即制止。

（3）工作人员应掌握触电解救法。

（4）在进行各项检测的操作过程中，必须遵守安全用电规则，特别是安全保护的设置。为了人身安全和电力系统工作的需要，要求电气设备采取安全接地措施。

二、电子焊接安全操作规程

（1）焊接电子产品时，必须穿戴规定的防护用品（实习工作服），减小人体静电对电子产品的危害。常见的防静电设备有防静电手腕带、脚腕带、工作服、鞋袜、帽、手套或指套等，具有防止静电泄露，中和与屏蔽静电等功能，如图1-1所示。

（2）操作人员在焊接维修电子产品时，必须在设备断电状态下进行。而在使用焊接工具前，应检查焊接工具的电源线绝缘层是否破损，装置是否松动，在使用时，出现任何异常情况，应先断开电源，再进行检查。

（3）操作人员要习惯单手操作，即用一只手操作，另一只手不要触及其中的金属零部件，包括底板、线路板、元器件等。

（4）在拨除高压帽、重新装配前，先用螺钉旋具把高压嘴对外面的导电层进行多次放电，以免残留高压的电击。

（5）拆卸、装配、搬动显像管时，必须带好不碎玻璃型护目镜。

（6）在拉出线路板进行电压等测量时，要注意线路板放置的位置，背面的焊点不要被

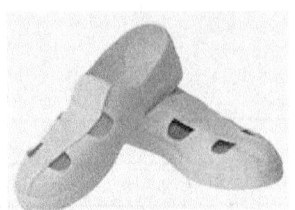
防静电鞋

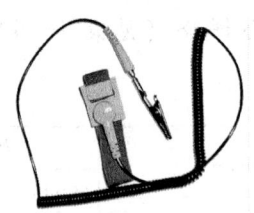
防静电手腕带

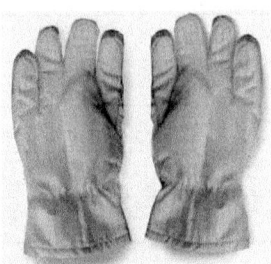
防静电手套

防静电服

图 1-1　各种防静电设备

其他部件短接，可用纸板加以隔离。

（7）操作过程中，应采用正确的操作姿势和步骤，严禁敲打焊接工具，以免造成触电事故，严禁用手直接触及焊接设备焊接处，更不要用湿布或水去冲洗焊接工具，防止造成烫伤。

（8）操作结束后，应做好场地清洁和仪器或设备的整理工作，离开工作岗位时，必须切断工作位电源。

任务二　万用表的认识与使用

【学习目标】

（1）认识万用表的结构与面板。
（2）了解万用表的工作原理及表头工作原理。
（3）熟悉万用表的面板结构。
（4）熟练万用表的一些常见操作。

【学习地点】

实训室

【学习课时】

4 课时

【学习过程】

一、认识万用表的结构与作用

（1）万用表的外部结构：刻度盘、挡位选择开关、调零旋钮及一些插孔，它们分别有什么作用？

_____

_____

（2）拆开万用表，观察其内部（不可拆旋盘），看看找到了什么？

_____

_____

_____

（3）万用表使用前应做哪些准备工作？

_____

_____

_____

二、万用表的使用

1. 用万用表测电流、电压

（1）直流电压的测量。

1）测量并记录万用表内的 1.5V 电池的实测值_____。

2）测量并记录万用表内的 9V 电池的实测值_____。

（2）交流电压的测量（交流电压不分正负）。

测量交流 220V 频率 50Hz 的市电，并记录实测电压值_____。

小贴士：日本的市电电压是 110V。

（3）直流电流的测量。

温馨提示：测量电流时要把表串接在断开的电路之间。

按表 1-2 计算并测量电流值。

表 1-2   直流电流测量

电阻	电压为 1.5V		电压为 9V	
	计算值	实测值	计算值	实测值
150Ω				
15kΩ				

温馨提示：计算时可用欧姆定律 $R=U/I$ 或 $I=U/R$。

2. 认识万用表电阻挡

（1）万用表内两个 1.5V 的电池和一个 9V 的电池只供给电阻挡使用。

（2）由于在使用电阻挡时，万用表内部对所测电阻进行了供电，所以才产生了电流，表头指针才会动。

(3) 因为内部带电，因此有正负之分，黑笔接的是正极，红笔接的负极。

做以下实验可知在使用电阻挡时，黑红表笔所带的电压大小。

具体做法：万用表1选在电阻挡，万用表2选在直流电压挡，用万用表2的直流电压档来测量万用表1的各个电阻挡的电压（即红笔接黑笔，黑笔接红笔），记录填表1-3。

表1-3　　　　　　　　　　　　测量万用表电阻档

万用表1的选挡	×1Ω挡	×10Ω挡	×100Ω挡	×1kΩ挡	×10kΩ挡
万用表2的测量值/V					

总结：

1) 两个1.5V电池用在_____、_____、_____、电阻挡；

2) 9V电池用在_____挡。

3. 音频电平的测量（选做）

(1) 实验材料与仪器：MP3、MP4或其他有音源输出的设备，$0.1\mu F$ 的电容。

(2) 测量步骤：

1) 选档：交流10V挡。

2) 连线：把音源的正输出连接 $0.1\mu F$ 的电容，再用红表笔接上，而黑表笔则接在音源的负输出。

3) 读数：观察"dB"刻度线上指针所指的位置，单位为分贝（dB）。

(3) 测量_____的音频输出电平为_____，换算电压为_____。

三、综合评价（见表1-4）

表1-4

项目	自我评价			小组评价			教师评价		
	8~10	6~7	1~5	8~10	6~7	1~5	8~10	6~7	1~5
学生积极性									
任务完成情况									
信息收集1									
信息收集2									
信息收集3									
安全操作规程执行									
协作精神									
时间观念									
总评									

【知识链接】

一、万用表外部结构（如图1-2所示）

（1）刻度盘：黑色的"Ω"线、黑色的"DCV·A""ACV"线、红色的"AC10V"线、绿色的"h_{FE}"线（测晶体管的电流放大倍数，无此功能）、绿色的"LV"线（测二极管的正向电压）、红色的"I_{ceo}"线（测晶体管的漏电流）、红色的"dB"线（测音频电平）以及消除视差的反光镜。

（2）调零旋钮：机械调零和欧姆调零。

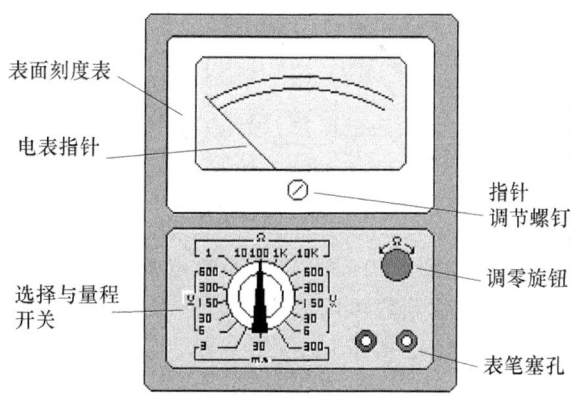

图1-2 万用表外部结构

二、万用表的工作原理

万用表的内部构造是由表头（微安表）、挡位选择及相关电路组成。万用表的基本原理是利用一只灵敏的磁电式直流电流表（微安表）做表头。当微小电流通过表头，就会有电流指示。但表头不能通过大电流，所以，必须在表头上并联与串联一些电阻进行分流或降压，从而测出电路中的电流、电压和电阻。

三、万用表的内部构成

（1）拆开万用表，观察其内部（不可拆卸旋盘）结构；轻轻掀开表头的盖纸，观察表头游丝及线圈，并在测量时，观察指针的转动（表头结构精细，不可用任何物体触碰）。

（2）观察后及时把盖纸贴好，以免过多灰尘杂物进入表头游丝。

四、万用表的工作说明

当用万用表测量电压和电流时，通过万用表内部的电阻分压和限流的作用，在表头的额定电流不变的情况下，万用表可以通过比表头电流高出数十倍甚至数百倍的电流。

当用万用表测量电阻等无源元器件时，就会接通万能表内部的电池，使表头可以因有电流流过而偏转。由于表头电流方向的需要，万用表的黑表笔接在万用表内部电池的正极。

（1）电流、电压的测量步骤。

1）估计被测值的最大值。

2) 选择合适的量程,即量程要大于并接近估计的最大值。
3) 若无法估计,先选最高量程,再根据实际进行调整。
4) 测量:红笔接正,黑笔接负,如图 1-3 所示。

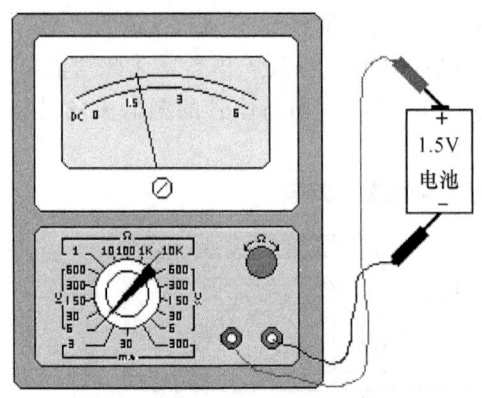

图 1-3 测量电压

根据量程,对应刻度盘的 250、50、10 进行小数点的移位,并读出被测量的正确值。

(2) 0dB 对应 0.775V,其他读数可用公式"电平＝10lg 电压"来换算。

(3) 各挡的修正值(如表 1-5 所示)。

表 1-5　　　　　　　　　　　各挡的修正值

量程挡位	修正值
～10V	0
～50V	＋14dB
～250V	＋28dB
～500V	＋34dB
～1000V	＋40dB

任务三　电阻的识别与检测

【学习目标】

(1) 能识别出各种不同类型的电阻。
(2) 能检测电阻好坏及大小。

【学习地点】

实训室

【学习课时】

4 课时

【学习过程】

一、认识电阻并确定其阻值大小

（1）什么是电阻？它具有什么作用？

_____

_____

（2）电阻分为几种类型？怎样识读电阻阻值？

_____

_____

_____

（3）练习：请在基本功训练板上找出20个电阻，按要求填于表1-6（注：相同数值的电阻不得超过2个）。

表1-6　　　　　　　　　测量电阻

色环	绿蓝红金				
标称值	5.6kΩ				
测量值	5.6kΩ				
偏差	±5%				

要求：在做完以上练习后，反复练习，要求能达到在1min内读出5个以上的电阻。

（4）自我测试（见表1-7）。

表1-7　　　　　　　　　测量电阻阻值

标称值	8.2kΩ		1Ω		150kΩ
测量值					
偏差	±10%		±5%		±2%
色环		黄橙棕金		红红红银	蓝灰黑金
标称值	4.7kΩ		560Ω		51Ω
测量值					
偏差	±1%		±2%		±5%
色环		橙白橙金		灰蓝红银	棕蓝绿黑红
标称值	27Ω		100kΩ		62kΩ
测量值					
偏差	±2%		±10%		±5%
色环		红棕绿金		黄白黑黄红	蓝灰黄金

温馨提示：偏差为±5%以下的电阻均为精密电阻，如±1%和±2%的电阻。

二、综合评价（见表1-8）

表1-8

项目	自我评价			小组评价			教师评价		
	8~10	6~7	1~5	8~10	6~7	1~5	8~10	6~7	1~5
学生积极性									
信息收集1									
信息收集2									
操作是否规范									
阻值判断正确程度									
读数速度									
任务完成情况									
总评									

【知识链接】

电阻器是组成电路的的元件之一，是一种以对电流影响（阻碍）的大小做定值的元件。电阻器简单分为固定电阻、电位器和敏感电阻三大类，其示例如图1-4所示。

图1-4 电阻器种类

一、作用

电阻器即固定电阻，是用电阻率较高的材料制成的，通常用来稳定和调节电流、电压，即作为分流器和分压器。它在电路中主要起限流、分压、耦合和负载等作用。

二、标称和偏差

1. 直标法

用具体的数字、单位或偏差直接把阻值和偏差标记在电阻体上。

(1) 规定单位：欧［姆］(Ω)；千欧（kΩ）；兆欧（MΩ）。

(2) 规定偏差：Ⅰ（±5%）；Ⅱ（±10%）；Ⅲ（±20%）。

例如，图1-5所示电阻阻值为5.1kΩ，偏差为±5%。

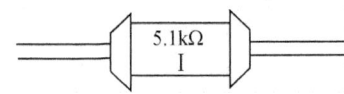

图1-5 直标法标值电阻

2. 文字符号法

将标称阻值及允许偏差用文字和数字有规律地组合起来表示（阻值读法如日常生活的

钱和重量的读法）。

文字符号：R——欧（10^0）　　K——千欧（10^3）　　M——兆欧（10^6）
　　　　　G——千兆欧（10^9）　T——兆兆欧（10^{12}）

例如，3K6J 的阻值为 3.6K，偏差为 ±5%。

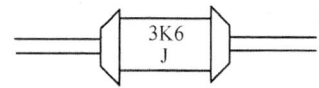

图 1-6　文字符号法标值电阻

3. 数码表示法

222J 表示，阻值 $22×10^2\Omega=2.2k\Omega$，偏差 ±5%。贴片电阻多用数码法。

4. 色环法

用不同颜色表示电阻数值和偏差或其他参数时的色环符号规定，如表 1-9 所示。采用色环法的电阻器颜色醒目，标志清晰，不易褪色，从各方向都能看清阻值和允许偏差。在无线电装配时，采用色环法识读电阻阻值，有利于整机的自动化生产和增加装配密度。因此实际应用上广泛采用色环法。

表 1-9　　　　　　　　　　　色环符号规定

颜色	银	金	黑	棕	红	橙	黄	绿	蓝	紫	灰	白	无色
有效数字	—	—	0	1	2	3	4	5	6	7	8	9	—
乘数	10^{-2}	10^{-1}	10^0	10^1	10^2	10^3	10^4	10^5	10^6	10^7	10^8	10^9	—
允许偏差%	±10	±5	—	±1	±2	—	—	±0.5	±0.2	±0.1	—	+50 −20	±20
额定电压 V	—	—	4	6.3	10	16	25	32	40	50	63	—	—

注　该表也适合于电容和电感的色环法。它们的单位分别是，电阻为 Ω，电容为 pF，电感为 μH，以上额定电压只限于电容。

（1）示意图（如图 1-7 所示）

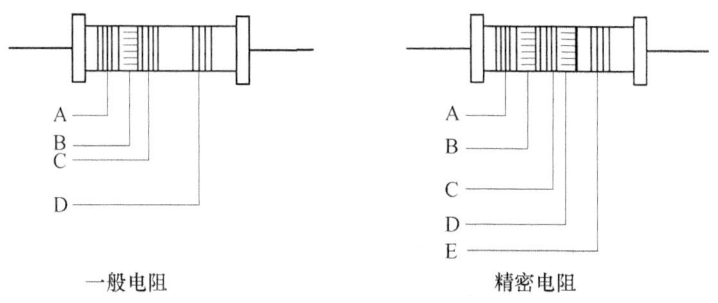

一般电阻　　　　　　　精密电阻

图 1-7　色环法示意图

（2）公式：

一般电阻阻值：$AB×10^C±D$（Ω）

精密电阻阻值：$ABC×10^D±E$（Ω）

5. 万用表检测法

(1) 选择合适的电阻挡位，不能确定电阻大小时选用 $R \times 100$ 挡。

(2) 两表笔交叉短接，旋动万用表右上角欧姆调零按钮进行欧姆调零。

(3) 将两表笔横跨于电阻引脚两端，观察表针所指读数，若表针趋于∞，电阻挡位调大（越大调大）；若表针趋于 0，电阻挡位调小（越小调小），直至表针停留在表盘中间或偏右 1/3 处，为最佳读数位置，其精确度最高。

(4) 所测电阻值＝表针所指读数×所选电阻挡位值。

任务四　电容电感的识别与检测

【学习目标】

(1) 能在 1min 内准确地判别出 3 个以上的电容的好坏。

(2) 能区分出色环电感与不同的变压器的漏电与好坏的测量。

【学习地点】

实训室

【学习课时】

4 课时

【学习过程】

一、电容的识别与检测

(1) 什么是电容，它具有什么作用？

_____
_____
_____

(2) 电容的种类有哪些？怎么确定电容的容量？

_____
_____
_____

(3) 怎样判断电容的好坏？具体怎样操作？

_____
_____
_____

(4) 练习：请在基本功训练板上找出 5 个电解电容，10 个无极性小电容，并按要求填于表 1-10、表 1-11。相同数值的电容不得超过 2 个。（要求：在做完练习后，再反复练习，要求能达到在 1min 内读出并测出 3 个以上的电容）

表 1-10　　　　　　　　　　　　　电解电容测量

电解电容					
标称容量					
耐压					
其他参数					
量程选择					
调零与否					
正向漏电电阻					
判别好坏					

小贴士：正向漏电电阻要大于 500kΩ 的电解电容是最好的，普通电容只需大于 100kΩ 就可以。

表 1-11　　　　　　　　　　　　无极性小电容测量

无极性小电容					
标称容量					
偏差					
耐压					
指针有无偏转					
漏电电阻					
判别好坏					
无极性小电容					
标称容量					
偏差					
耐压					
指针有无偏转					
漏电电阻					
判别好坏					

小贴士：小电容只选用×10k 挡。小于 5000pF 的小电容几乎看不出其充放电过程，所以漏电电阻为∞是好的。

二、电感的识别与检测

(1) 什么是电感，它具有什么作用？
_____
_____
_____

(2) 电感的种类有哪些？怎么确定电感的容量？
_____

(3) 变压器测量。

1) 测量变压器的初级与次级阻值,再通电测量变压器的输入、输出电压(见表1-12)。

表1-12　　　　　　　　　变压器电阻、电压测量

	电阻	电压
初级		
次级	/	

2) 计算该变压器的匝数比。

匝数比1=初级电压:次级电压=_____:_____=_____:_____

匝数比2=初级电压:次级电压=_____:_____=_____:_____

小贴士:变压器不但可以把高压变成低压,还可以把低压升为高压,但此高压对人体的伤害较小,原因是在功率相同的情况下,电压上升,电流下降。

3) 按以下步骤做触电实验。

具体做法:万用表选在$\Omega \times 1$挡,同学1先把双手分别放在变压器的初级,同学2把万用表两表笔分别接在变压器的次级,此时同学1会有触电的感觉。此实验也可多人拉手进行。

你触电的感觉与经验之谈。

_____

_____

三、综合评价(见表1-13)

表1-13

项目	自我评价			小组评价			教师评价		
	8～10	6～7	1～5	8～10	6～7	1～5	8～10	6～7	1～5
学生纪律与积极性									
信息收集情况									
电容的识别与测量									
电感的识别与测量									
变压器的检测									
操作是否规范									
任务完成情况									
总评									

【知识链接】

一、电容的识别与检测

1. 电容的识读

（1）作用。电容器是组成电路的基本元件之一，是一种储存电能的元件，有隔直通交的特性，在电路中起滤波、旁路和耦合等作用。图1-8是不同电容的符号表示。

图1-8 电容的种类

（2）标称和偏差。

1）直标法：用具体的数字、单位或偏差直接把容量和偏差标记在电容体上。

规定单位：微法，μF（$10^{-6}F$）；皮法，pF（$10^{-12}F$）；纳法，nF（$10^{-9}F$）。

①电解电容：如 $47\mu F/16V$ 等。

②以 pF 为单位的小电容：如 3300、500、25、8 等。

③以 μF 为单位的小电容：如 .02、.47 等。

2）文字符号法：同电阻读法，如 6n8，即 6.8nF 或 6800 pF。

3）数码表示法：223J 表示，阻值 $22\times10^2 pF=0.022\mu F$，偏差 $\pm5\%$。

小窍门：①数码法中，如果第三位是"0"就属于直读法；②数码法中，万 pF 以上的电容把它化做 μF。所以第三位为 3 时，读作"零点零几 μF"，第三位为 4 时，读作"零点几 μF"。

4）色环法：是电阻读法，区分这种电容与电阻时，只需看形状，电阻有"腰"。色环电容一般用在计算机等精密仪器中。

2. 电容的检测

电容器常见故障有开路、击穿短路、漏电或容量减小等，除了准确的容量要用专用的仪表测量外，其他电容器的故障用万用表都能很容易地检测出来。

（1）无极性小电容的检测步骤。

1）选电阻×10k挡，调零。

2）用任意一表笔接在电容任意一脚上，另一表笔对准电容另一脚，但先不接上。

3）眼睛移看表头后，再接上未接上的一支表笔和电容的一脚。此时，可看见指针轻轻地跳动了一下，很快就又回到∞处。这个过程是一个电容充电的过程。

4）判别标准：以上结果说明电容的性能很好，没有漏电过程。

小贴士：5000pF 以下的电容如果没有跳动的情况，指针在∞处也说明电容的性能是好的。反之，指针不停在∞处说明电容有漏电现象，性能不好。

（2）带极性的电解电容的检测步骤。

1）选用电阻×100 或电阻×1k挡，调零，可根据被测电容的容量来选挡，容量越大选挡越小。

2) 用黑表笔接电容正极,红表笔接电容负极,看表头指针很快地从左到右偏转,然后慢慢地从右到左偏转,这是一个充电的过程。指针最后指示的阻值就是正向漏电电阻的大小。

3) 判别标准:测出来的正向漏电电阻在 500kΩ 以上为性能好的电容。也可根据电路选择较好的电容。

(3) 电容器容量的估算方法。

1) 根据不同类型的电容选挡。

2) 看其从左到右的偏转幅度来判别其容量,偏转幅度越大,电容容量越大。

3) 电容容量越大,从左到右的摆动幅度越大,从右到左的充电过程越慢,所以想快速测量可选小一挡。

4) 遇到容量很小的电容(5000pF 以下的小电容),可先正向充一次电,再反向充一次电,即可看到指针的跳动。

二、电感的识别与检测

1. 电感器的识读与测量

(1) 作用:电感器是组成电路的基本元件之一,是一种储存磁能的元件,且有隔交通直的特性,在电路中与电容配合可起调谐、选频等作用。图 1-9 是不同电感的表示符号。

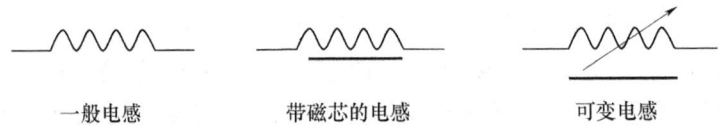

图 1-9 电感的种类

(2) 直标法:用具体的数字、单位或偏差直接把电感量和偏差标记在电感体上。

规定单位:微亨,μH (10^{-6}H);毫亨,mH (10^{-3}H)。

(3) 色环法:是电阻读法,区分这种电感与电阻时,只需看形状,电阻有"腰",而电感没有。

2. 变压器的检测

变压器就是两个电感绕在绝缘骨架上,如图 1-10 所示。变压器的作用是把输入的交流电压按所绕的线圈(左边叫初级,右边叫次级)比例变压。

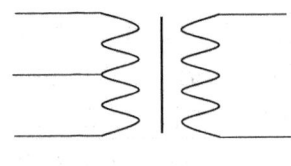

图 1-10 变压器

如:初级线圈/次级线圈=22:1,即输入电压为交流 220V,输出电压为交流 10V。

任务五 半导体二极管的识别与检测

【学习目标】

(1) 能识别二极管的不同种类。

(2) 能判断二极管的好坏及极性。

【学习地点】

实训室

【学习课时】

3 课时

【学习过程】

一、认识二极管的种类及作用

(1) 什么是二极管,它具有什么作用?

_____

_____

(2) 图 1-11 中的二极管分别是什么二极管?它们分别有什么作用?

 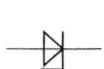

图 1-11 不同种类二极管

_____

_____

(3) 二极管测量的作业与练习。

1、2、3 项用机械式万用表测量,第 4 项可通过前三项的结果来判断,第 5 项用数字万用表的二极管挡来测量,再通过第 5 项的结果来填写第 6 项(见表 1-14)。

表 1-14　　　　　　　　　　二极管测量

二极管				
1. 符号与极性				
2. 正向电阻				
3. 反向电阻				
4. 判别好坏				
5. 正向电压				
6. 硅/锗(Si/Ge)				

注　硅(Si)管的正向电压为 0.15~0.3V;锗(Ge)管的正向电压为 0.4~0.8V。

(4) 二极管的好坏判别与此元件是否在电路板上测量的结果有没有区别？为什么？

二、综合评价（见表1-15）

表1-15

项目	自我评价			小组评价			教师评价		
	8～10	6～7	1～5	8～10	6～7	1～5	8～10	6～7	1～5
学生纪律与积极性									
信息收集情况									
二极管的识别									
普通二极管的检测									
稳压管的检测									
发光管的检测									
操作是否规范									
任务完成情况									
总评									

【知识链接】

在自然界中，把物质按导电的性能来分，分为导体、半导体和绝缘体，其中半导体的导电性介于导体和绝缘体之间，它的导电性可根据外界环境的改变而改变，如电压、温度等。硅和锗是半导体中常用的材料，锗管的电阻比硅管的电阻小。在本次任务中，主要讲述半导体二极管的作用与特性。

一、作用

具有单向导电性，能起开关、稳压、保护等作用。文字符号用VD表示。

二、种类与电路符号（如图1-12所示）

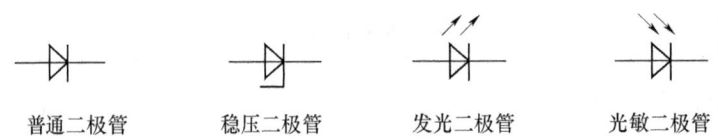

普通二极管　　稳压二极管　　发光二极管　　光敏二极管

图1-12　二极管的种类

三、普通二极管的性能检测

二极管的极性可从二极管实物中看出来，一般带环的一头表示负极。根据二极管的单向导电性，也可以用万用表来测量其正负极及好坏。

(1) 选电阻×100或电阻×1k挡，调零。

(2) 正反各测一次，测量出二极管的正反电阻。阻值小的一次说明二极管在导通的状态，这时黑表笔接的是二极管的正极。

(3) 一般不选用电阻×1或电阻×10k挡，电阻×1挡电流太大，电阻×10k挡电压太大，这样都会损坏二极管。

(4) 由于二极管是半导体器件，所以用不同的电阻挡其测量电阻也不同。

(5) 好坏判别标准：二极管的正向电阻小，反向电阻大，阻值相同或相近都视为坏管。

(6) 普通二极管在印制电路板上的好坏判别。二极管是非线性元件，用万用表电阻×1挡或电阻×10挡在底板上测量其正反向电阻，仍能观察出它的单向导电性，也减少了与之并联的其他元件的影响。测量其正向电阻指针常向右偏且超过中点刻度，测量其反向电阻时指针指向接近无穷大。若正反电阻相差不大，则应拆下再测量。

任务六　半导体晶体管的识别与检测

【学习目标】

(1) 能识别晶体管的不同类型。

(2) 能判断晶体管的好坏及极性。

【学习地点】

实训室

【学习课时】

3课时

【学习过程】

一、认识晶体管的类型及作用

(1) 什么是晶体管，它具有什么作用？

_____
_____
_____

(2) 图1-13中的两种晶体管分别是什么类型的晶体管？它们有什么区别？

_____
_____
_____
_____

(3) 晶体管的测量练习与作业（见表1-16）。

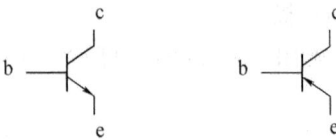

图 1-13　不同种类晶体管

表 1-16　　　　　　　　　　晶体管的测量

晶体管				
管型				
符号与管脚				
β值				
判别好坏				

（4）晶体管的好坏判别与此元件是否在电路板上测量的结果有没有区别？为什么？
_____
_____

二、综合评价（见表 1-17）

表 1-17

项目	自我评价			小组评价			教师评价		
	8～10	6～7	1～5	8～10	6～7	1～5	8～10	6～7	1～5
学生纪律与积极性									
信息收集情况									
晶体管的识别									
晶体管的好坏判断									
晶体管的极性判断									
操作是否规范									
任务完成情况									
总评									

【知识链接】

半导体晶体管属于电流控制型器件，它具有两个PN结的半导体器件，具有体积小、质量小、寿命长等优点，是电子电路中的重要器件。

一、作用

具有三个或四个电极的元器件，对信号有放大和开关的作用，在电路中还可以当有源负载等。

二、分类和符号

（1）按材料分：硅管和锗管，其中锗管的电阻比硅管的导电阻小。

（2）按制作工艺分：NPN 型和 PNP 型，两种管型的电流方向刚好相反，晶体管的文字符号用 VT 表示，电路符号如图 1-14 所示。

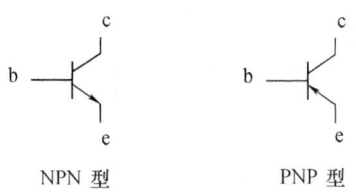

图 1-14　晶体管的种类

（3）按功率分：小功率管、中功率管和大功率管。

（4）按频率分：低频管和高频管。

（5）其他不同的晶体管：行输出管、带阻尼晶体管、复合管等。

三、普通晶体管的管型和电极的判别和性能检测

1. 用万用表判断晶体管的管型和电极

（1）首先找出基极（b 极）。

使用万用表电阻×100 或电阻×1k 挡随意测量晶体管的两极，直到指针摆动较大为止。然后固定黑（红）表笔，把红（黑）表笔移至另一引脚上，若指针同样摆动，则说明被测管为 NPN（PNP）型，且黑（红）所接触的引脚为 b 极。

（2）c 极和 e 极的判别。

根据以上的测量已确定 b 极，且为 NPN（PNP）型，再使用万用表电阻×1k 挡进行测量。假设一极为 c 极接黑（红）表笔。另一极为 e 极接红（黑）表笔，用手指捏住假设的 c 极与 b 极（注意 c 极与 b 极不能相碰），读出其阻值 R_1，然后再假设另一极为 c 极，并重复上述步骤（注意捏住 c 极与 b 极的力度两次都相同），读出阻值 R_2。比较 R_1、R_2 的大小，较小的一极其假设正确，黑（红）表笔对 c 极。

（3）判断晶体管好坏时必须先检测出 b、c、e 极，若用晶体管极性判别方法都判别不出 b、c、e 极，则说明该管有可能已损坏。

2. 晶体管的电流放大倍数的测量

使用数字万用表的 h_{FE} 挡，根据以上所测，把晶体管按管型和管脚的位置，把晶体管插入相应的插孔，数字万用表上将显示出该晶体管的电流放大倍数。

3. 晶体管的性能检测

测量 ce 极的漏电电阻。对于 NPN（PNP）型晶体管，黑（红）表笔接 c 极，红（黑）表笔接 e 极，b 极悬空。测得 R_{ce} 阻值越大越好。一般对锗管的要求较低，在低压电

路上大于 50kΩ 即可使用，但对于硅管来说要大于 500kΩ 才可使用，通常测量硅管 R_{ce} 阻值时万用表指针都指向无穷大。

4. 判断晶体管的放大能力

判断 c 极时，观察万用表指针在捏住 c、b 极前后的变化，即可知道该管有没有放大能力。指针变化不大说明该管 β 值较大，若指针变化较大则说明该管 β 值较小。一般晶体管 β 值在 50～150 为最佳。β 值也可以万用表指针都指向无穷大。

5. 晶体管在印制电路板上的好坏判别

对于晶体管除了测量 be、bc 二极管的好坏外，还要测量 R_{ce} 阻值。在印制电路板上测量 R_{ce} 阻值一般都较大，若发现在几百欧姆以下，则应拆下再测量。用这个方法在印制电路板上测量二极管、晶体管是否被击穿是很容易的，但二极管、晶体管漏电却较难在印制电路板上判断出来。

任务七　测试与总结

【学习目标】

(1) 对学生进行考核测试，表扬优秀学生，提高学习兴趣。

(2) 总结所学知识与经验，使技术得到升华。

【学习地点】

实训室

【学习课时】

4 课时

【学习过程】

一、考核测试

(1) 小组展示工作成果，推荐 2 名或 3 名学生进行考核测试。

(2) 推选表现前 3 名的优秀团队，对比自己所在的组找出差距，填写表 1-18。

表 1-18

组号	值得你学习的地方	还需改进的地方
1		
2		
3		

二、工作总结

(1) 总结所学到理论与实操知识，哪些知识学得比较好，哪些还未完全掌握。

（2）在今后的学习中要注意哪些方面等。

三、综合评价（见表1-19）

表1-19

项目	自我评价			小组评价			教师评价		
	8～10	6～7	1～5	8～10	6～7	1～5	8～10	6～7	1～5
总结									
工作任务一									
工作任务二									
工作任务三									
工作任务四									
工作任务五									
工作任务六									
工作任务七									
总评									

项目二
循环彩灯的设计与焊接

【工作情景描述】

各式各样的彩灯，让都市夜晚呈现出美妙的景象，而设计和制作各种彩灯，也逐渐成为电子行业的商机。本次项目主要让学生掌握电路的基本设计思路与电路的装配及焊接工艺。

【知识目标】

(1) 熟悉电子手工焊接需准备的工具和材料。
(2) 熟悉电子常用元器件的装配及焊接方法。
(3) 能理解电阻、电容、二极管、晶体管在电路中的特性、原理及作用。
(4) 懂得分析循环灯电路原理，并懂得其制作与维修。

【技能目标】

(1) 培养出学生对电子技术的兴趣。
(2) 能懂得电阻、电容、晶体管等元器件识别、测量与选择。
(3) 会选择合适的手工焊接工具及材料。
(4) 能懂得常用元器件加工成型及在主板上布置方法。
(5) 能熟练插装电路元器件。
(6) 能熟练掌握电路的焊接方法及拆焊方式。
(7) 能懂得循环灯电路基本维修方法与元器件在路测量法。
(8) 能自行设计和焊接多路循环灯电路。

【工作流程与内容】

任务一　认识和设计电路图
任务二　元器件引线成形加工
任务三　焊接工具、焊料及焊接的辅助材料
任务四　手工焊接方法
任务五　循环彩灯电路的装配与焊接
任务六　循环灯电路调试与验收
任务七　测试与总结

任务一 认识和设计电路图

【学习目标】

(1) 认识循环彩灯的电路组成元器件。

(2) 根据电路图设计电路实物图。

【学习地点】

实训室

【学习课时】

6 课时

【学习过程】

一、认识电路

(1) 抄画电路图（如图 2-1 所示），要求如下。

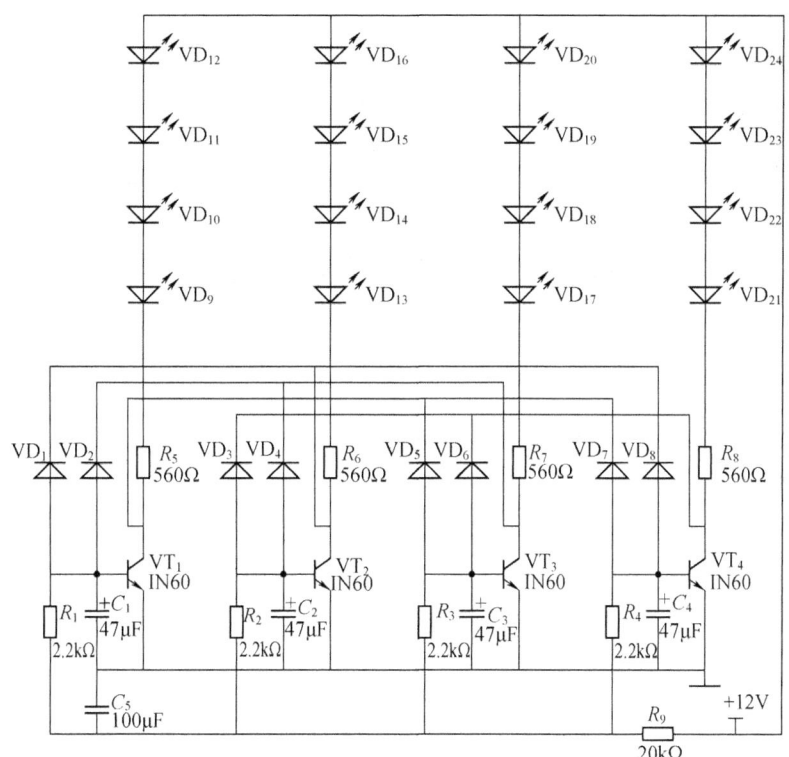

图 2-1 循环彩灯电路图

1) 元器件符号标准；
2) 电路图绘制正确；
3) 电路导线必须成直线，弯曲处成 90°角；
4) 导线交接处一定要打交接点；
5) 电路图不能任意涂改。

二、构思和设计电路

（1）设计循环彩灯显示图形。

_____

_____

（2）构思循环彩灯电路元器件的布置及整体的布局。

_____

_____

三、综合评价（见表 2-1）

表 2-1

项目	自我评价			小组评价			教师评价		
	8～10	6～7	1～5	8～10	6～7	1～5	8～10	6～7	1～5
抄画电路图									
显示图的设计									
电路布局									
总评									

任务二　元器件引线成形加工

【学习目标】

（1）学会对常用元件引线按工艺要求进行加工。
（2）掌握常用元件的引线成形加工方法。

【学习地点】

实训室

【学习课时】

6 课时

【学习过程】

一、信息收集

（1）先观察一下已制作好的产品印制电路板（如电视机电路板、DVD电路板），总结印制电路板上的元件引脚有哪些成形方法？

_____
_____
_____

（2）观察图2-2元器件的安装分别是什么方法？安装是否正确？

_____
_____

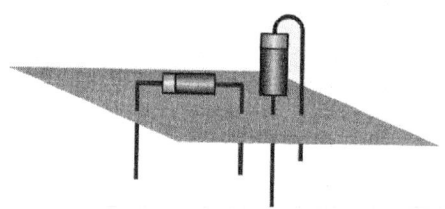

图2-2 元器件安装

（3）水平和立式安装电阻或二极管时，两引脚间的距离一般为多少？

_____
_____

（4）请简单说明立式和卧式安装电容的方法，并加强实操练习。

_____
_____

（5）图2-3晶体管安装是否正确？这些安装会不会损坏元器件？

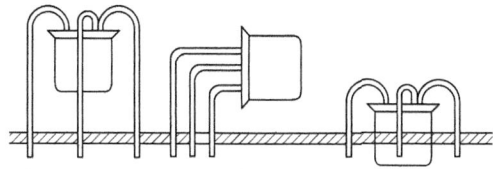

图2-3 晶体管安装

_____
_____
_____

二、技能实训

（1）利用辅助工具（如镊子、螺钉旋具等）在电路板上水平和立式安装20个以上电阻或二极管，并总结经验。

（2）立式和卧式安装各种电容。

（3）按照老师要求安装各种晶体管。

（4）元器件插装练习：按工艺要求对图2-4所示的元器件进行成形加工并按要求进行插装。

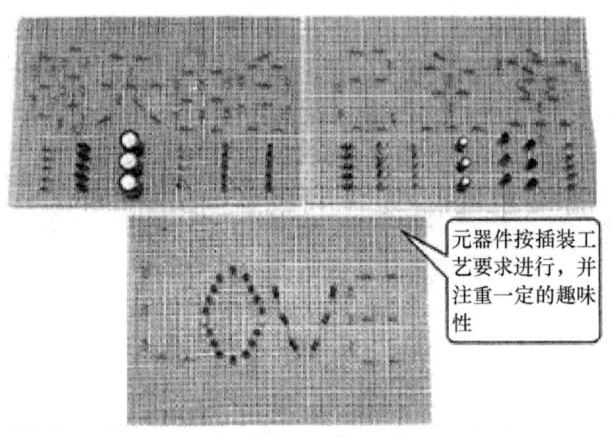

元器件按插装工艺要求进行，并注重一定的趣味性

图2-4 元器件引线成形、插装训练样图

三、综合评价（见表2-2）

表2-2

项目	自我评价			小组评价			教师评价		
	8~10	6~7	1~5	8~10	6~7	1~5	8~10	6~7	1~5
纪律与积极性									
信息收集情况									
电阻引脚成形情况									
电容引脚成形情况									
二极管引脚成形情况									
晶体管引脚成形情况									
协作精神									
时间观念									
操作是否规范									
总评									

【知识链接】

一、轴向引线型元器件的引线成形加工

轴向引线型元器件有电阻、二极管等，它们的安装方式一般有两种，一种是水平安

装，另一种是立式安装。具体采用何种安装方式，可视电路板空间和安装位置大小来选择，如图2-5所示。

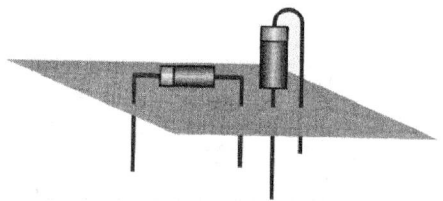

图2-5 轴向引线型元器件的安装图

1. 水平安装引线加工方法

（1）一般用镊子（或尖嘴钳）在离元器件封装点约2～3mm处夹住其某一引脚。

（2）适当用力将元器件引脚弯成一定的弧度，如图2-6所示。

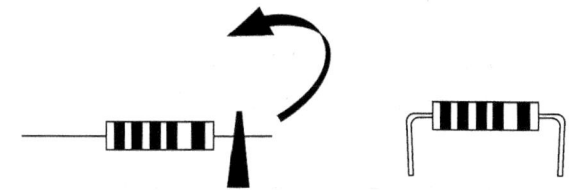

图2-6 水平元器件成形示意图

（3）用同样的方法对该元器件另一引脚进行加工成形。

（4）引线的尺寸要根据印制板上具体的安装孔距来确定，且一般两引线的尺寸要一致。

注意：弯折引脚时不要采用直角弯折，且用力要均匀，尤其要防止玻璃封装的二极管壳体破裂，造成管子报废。

2. 立式安装引线加工方法

可以采用合适的螺钉旋具或镊子在元器件的某引脚（一般选元器件有标记端）离元器件封装点3～4mm处将该引线弯成半圆形状，如图2-7所示。实际引线的尺寸要视印制电路板上的安装位置孔距来确定。

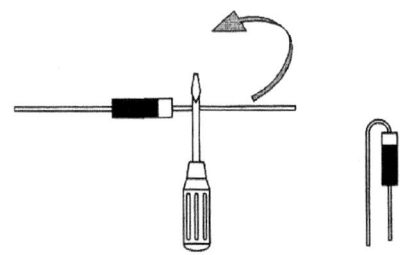

图2-7 立式元器件成形示意图

二、径向引线型元器件的引线成形加工

常见的径向引线型元器件有各种电容、发光二极管、光敏二极管以及各种晶体管等。

1. 电解电容器引线的成形加工方法

电解电容器插装方式如图 2-8 所示。

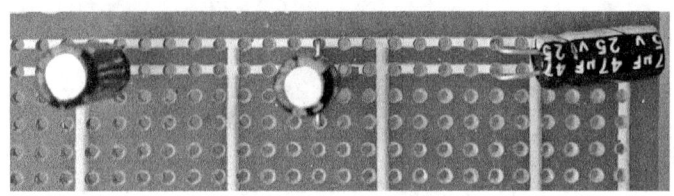

图 2-8 电解电容器插装方式

（1）立式电容器加工方法是用镊子先将电容器的引线沿电容器主体向外弯成直角，离开 4～5mm 处弯成直角。但在印制电路板上的安装要根据印制电路板孔距和安装空间的需要确定成形尺寸。

（2）卧式电容加工方法是用镊子分别将电解电容的两个引线在离开电容主体 3～5mm 处弯成直角，如图 2-9 所示。但在印制电路板上的安装要根据印制板孔距和安装空间的需要确定成形尺寸。

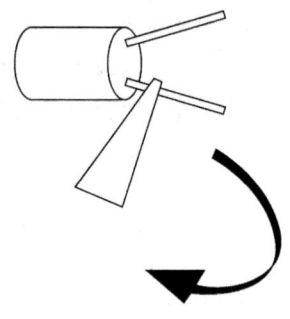

图 2-9 电解电容器引线成形示意图

2. 晶体管的引线成形加工方法

小功率晶体管在印制电路板上一般采用直插的方式安装，如图 2-10 所示。加工时，晶体管的引线成形只需用镊子将塑封管引线拉直即可，3 个电极引线分别成一定角度。有时也可以根据需要将中间引线向前或向后弯曲成一定角度。具体情况视印制电路板上的安装孔距来确定引线的尺寸。

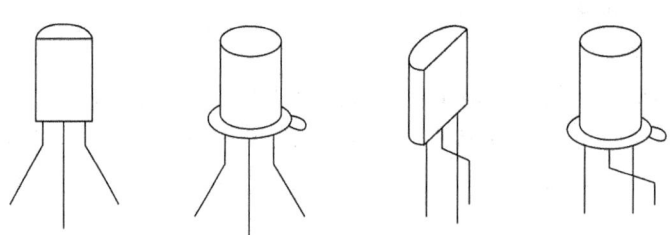

图 2-10 小功率晶体管的直插安装

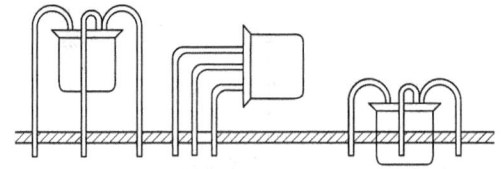

图 2-11 晶体管的倒装与横装

在某些情况下，若晶体管需要按图 2-11 所示安装，则必须对引脚进行弯折。这时要用钳子夹住晶体管引脚的根部，然后再适当用力弯折，如图 2-12（a）所示。而不应如

图 2-12（b）所示那样直接将引脚从根部弯折。弯折时，可以用螺钉旋具将晶体管引线弯成一定圆弧状。

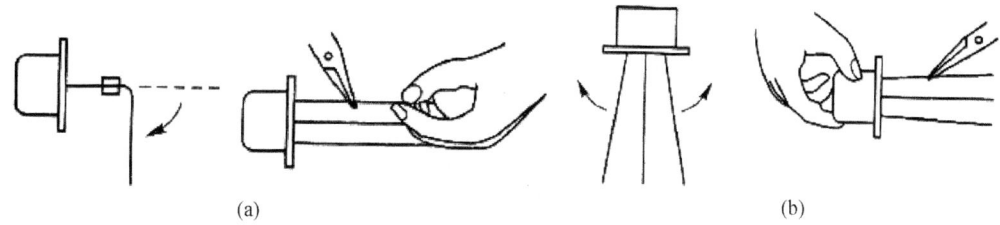

图 2-12 晶体管引脚成型方法
（a）正确方法　（b）错误方法

任务三　焊接工具、焊料及焊接的辅助材料

【学习目标】

(1) 学会选择合适的电烙铁、焊料、焊剂和焊接的辅助材料。
(2) 熟悉电烙铁、焊料、焊剂和焊接的辅助材料的使用方法。

【学习地点】

实训室

【学习课时】

4 课时

【学习过程】

一、收集信息

(1) 根据生活中所见，你知道什么是焊接吗？它有哪些焊接方式？

_____
_____

(2) 图 2-13 中的电烙铁是什么类型？在手工焊接中，常用什么类型的电烙铁？

_____
_____

(3) 电烙铁使用前后，应该怎样保养和维护？对你工位上电烙铁进行保养和维护。

_____
_____

图 2-13

(4) 手工焊接时，要用到哪些焊料和焊剂？

_____
_____
_____

(5) 手工焊接时，辅助材料和工具有哪些？

_____
_____
_____

二、综合评价（见表 2-3）

表 2-3

项目	自我评价			小组评价			教师评价		
	8~10	6~7	1~5	8~10	6~7	1~5	8~10	6~7	1~5
学习积极性									
信息收集 1									
信息收集 2									
信息收集 3									
信息收集 4									
信息收集 5									
协作精神									
时间观念									
操作是否规范									
总评									

【知识链接】

不同的焊接方式需要不同的焊接工具及辅助材料。本次任务中主要讲授手工焊接时要选择哪些合适的工具和材料。

一、认识电烙铁

电烙铁是最常用的焊接工具,它的作用是将热量传到焊接部分,以便只熔化焊料而不熔化元件,使焊料和被焊金属连接起来。

1. 电烙铁的种类

常见的电烙铁有内热式、外热式、感应式、恒温式、吸锡式等,由于内热式电烙铁具有体积小、质量小、升温快和热效率高等优点,在电子装备和维修中常使用20W内热式电烙铁,如图2-14所示。

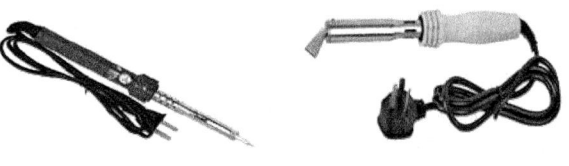

内热式电烙铁　　　　外热式电烙铁

图2-14　直热式电烙铁

感应式电烙铁俗称焊枪,它的烙铁头可以迅速达到焊接所需温度,如图2-15所示。恒温电烙铁内部采用居里温度很高的条状的PTC恒温发热元件,配设紧固导热结构,如图2-16所示。

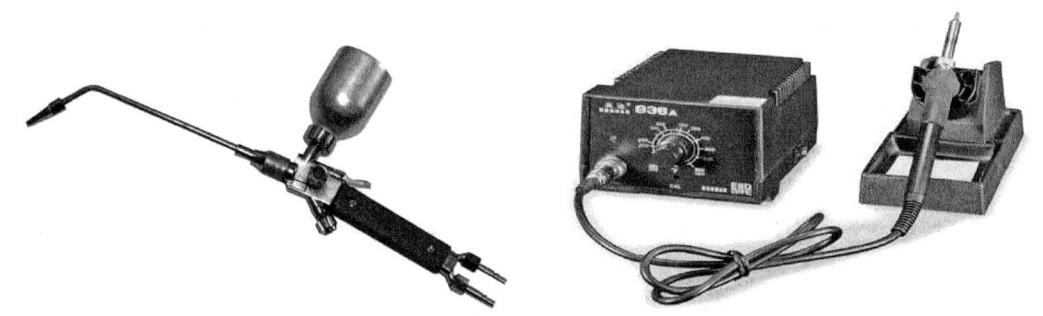

图2-15　感应式电烙铁　　　　图2-16　恒温电烙铁

吸锡器主要用于拆焊,分为手动和电动两种,常见的吸锡器主要有吸锡球、手动吸锡器、电热吸锡器、防静电吸锡器、电动吸锡枪以及双用吸锡电烙铁等,如图2-17所示。

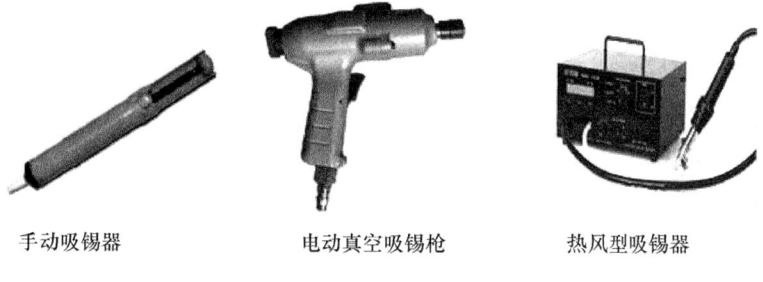

手动吸锡器　　　电动真空吸锡枪　　　热风型吸锡器

图2-17　吸锡器

2. 电烙铁的使用及保养

(1) 电烙铁使用前的处理步骤。

1) 新烙铁使用前,应用细砂纸或锉刀将烙铁头打光亮,将其氧化层除去,露出平整光滑的铜表面。

2) 通电烧热,将打磨好的烙铁头紧压在松香上,随着烙铁头的加温,松香逐渐熔化,使烙铁头被打磨好的部分完全浸在松香中。

3) 待松香出烟量较大时,取出烙铁头,用烙铁头刃面接触焊锡丝,使烙铁头上均匀地镀上一层锡。

4) 检查烙铁头的使用部分是否全部镀上焊锡,如有未镀的地方,应重新涂松香、镀锡,直至镀好。

通过以上步骤可以便于焊接和防止烙铁头表面氧化。

(2) 使用电烙铁时,要特别注意安全,应认真做到以下几点。

1) 烙铁头要经常保持清洁。

2) 电烙铁插头最好使用三相插头。要使外壳妥善接地。

3) 使用前,应认真检查电源插头、电源线有无损坏,并检查烙铁头是否松动。

4) 电烙铁使用中,不能用力敲击。要防止跌落。烙铁头上焊锡过多时,可用布擦掉。不可乱甩,以防烫伤他人。

5) 焊接过程中,烙铁不能到处乱放。不焊时,应放在特制的烙铁架上,以免烫坏其他物品而造成安全隐患。另外,注意电源线不可搭在烙铁头上,以防烫坏绝缘层而发生事故。

6) 使用结束后,应及时切断电源,拔下电源插头。冷却后,再将电烙铁收回工具箱。

3. 电烙铁的故障检测

电烙铁的故障一般有短路和开路两种。

(1) 短路。短路的地方一般在手柄中或插头中的接线处,此时用万用表电阻挡检查电源线插头之间的电阻,会发现阻值趋于零。

(2) 开路。通电后,发现电烙铁不热,在电源供电正常的情况下,则电烙铁的工作回路中存在开路现象。此时,断开电源,用万用表 $R \times 100$ 挡测烙铁心两个接线柱间的电阻,若电阻值在 $2k\Omega$ 左右,说明烙铁心没有问题,一定是电源线或接头脱焊,此时应更换电源线或重新连接;如果测出的电阻值无穷大,则说明烙铁心损坏,需更换烙铁心。

二、认识焊料和助焊剂

在焊接过程中除了电烙铁还需要焊料和助焊剂。

1. 焊料

焊料是一种熔点低于被焊金属,在被焊金属不熔化的条件下能润湿被焊金属表面,并在接触面处形成合金层的物质。电子产品生产中,最常用的焊料称为锡铅合金焊料(又称焊锡),它具有熔点低、机械强度高、抗腐蚀性能好的特点,使用极为方便,如图 2-18 所示。

2. 助焊剂

助焊剂是进行锡铅焊接的辅助材料。常用的助焊剂有无机焊剂、有机助焊剂、松香类焊剂(电子产品的焊接中常用)。

助焊剂的作用：去除被焊金属表面的氧化物，防止焊接时被焊金属和焊料再次出现氧化，并降低焊料表面的张力，有助于焊接。

3. 清洗剂

在完成焊接操作后，要对焊点进行清洗，避免焊点周围的杂质腐蚀焊点。

图 2-18 焊锡

常用的清洗剂有无水乙醇（无水酒精）、航空洗涤汽油、三氯三氟乙烷。

4. 阻焊剂

阻焊剂是一种耐高温的涂料，其作用是保护印制电路板上不需要焊接的部位。

阻焊剂的种类有热固化型阻焊剂、紫外线光固化型阻焊剂（光敏阻焊剂）、电子辐射固化型阻焊剂。

三、辅助工具

在电子产品制造过程中需要用到钳子、螺钉旋具、镊子等工具，它们的外形与用途如表 2-4 所示。

表 2-4　　　　　　　　　　各种辅助工具

名称	外形	用途
尖嘴钳		主要用来剪切线径较细的单股与多股线，以及给单股导线接头弯圈、剥塑料绝缘层等
偏口钳		主要用于剪切导线及元器件多余的引线
平嘴钳		适用于螺母紧固的装配操作，不允许当做敲击工具使用
剥线钳		适宜用于塑料、橡胶绝缘电线、电缆芯线的剥皮，使用时注意将剥皮放入合适的槽口，剥皮时不能剪断导线
镊子		用于夹持导线，便于装配焊接
螺钉旋具		在电子产品安装过程中用来拧螺钉

任务四 手工焊接方法

【学习目标】

(1) 了解各种焊接方法的特点及应用领域。
(2) 熟悉手工焊接的基本步骤。

【学习地点】

实训室

【学习课时】

16 课时

【学习过程】

一、手工焊接方法

(1) 常用的焊接方法有哪些？它们有什么特点？应用在哪些领域？

_____

_____

_____

(2) 图 2-19 几种电烙铁的握法分别叫什么？请选择它们适合的场合。

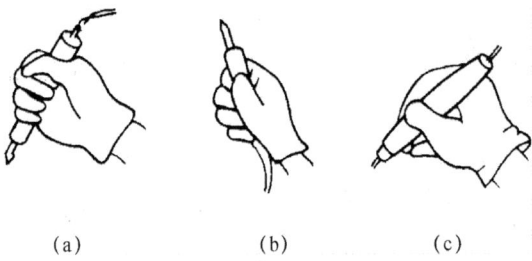

(a)　　　　　　　(b)　　　　　　　(c)

图 2-19 常用电烙铁握法

1) (a) 图是_____法，(b) 图是_____法，(c) 图是_____法；
2) 适合于较大功率的电烙铁（>75W）对大焊点的焊接操作是_____；
适用于中功率的电烙铁及带弯头的电烙铁的操作是_____；
适用于小功率的电烙铁焊接印制板上的元器件的操作是_____。
(3) 焊接前的准备工作有哪些？

_____

_____

(4) 手工焊接的基本操作步骤可以分为几步，具体操作应怎样进行？请练习操作方法。

二、综合评价（见表2-5）

表2-5

项目	自我评价			小组评价			教师评价		
	8~10	6~7	1~5	8~10	6~7	1~5	8~10	6~7	1~5
纪律与积极性									
信息收集情况									
电烙铁的正确使用									
电烙铁的维护									
焊接准备工作									
焊点焊接合格度									
协作精神									
时间观念									
操作是否规范									
总评									

【知识链接】

手工焊接适合于产品试制、电子产品的小批量生产、电子产品的调试与维修以及某些不适合自动焊接的场合，在电子焊接技术学习中常用的焊接方法，本次任务中将重点讲授。

一、手工焊接的要点

（1）保证正确的焊接姿势。
（2）熟练掌握焊接的基本操作步骤。
（3）掌握手工焊接的基本要领。

二、焊接准备工作

（1）选择合适的电烙铁，并对电烙铁进行合理的处理。
（2）观察焊接元件引脚或印刷板板面是否存在氧化物或污垢，若有，则需要对其进行清洁和镀锡，具体方法如下。
1）可用断锯条制成小刀刮去金属引线表面的氧化层，使引脚露出金属光泽。
2）印刷电路板可用细砂纸将铜箔打光后，涂上一层松香酒精溶液。
（3）掌握正确的焊接姿势：一般采用坐姿焊接，工作台和座椅的高度要合适。
（4）焊接操作者握电烙铁的方法（如图2-20所示）。

反握法：适合于较大功率的电烙铁（>75W）对大焊点的焊接操作。

正握法：适用于中功率的电烙铁及带弯头的电烙铁的操作，或直烙铁头在大型机架上的焊接。

笔握法：适用于小功率的电烙铁焊接印制电路板上的元器件。

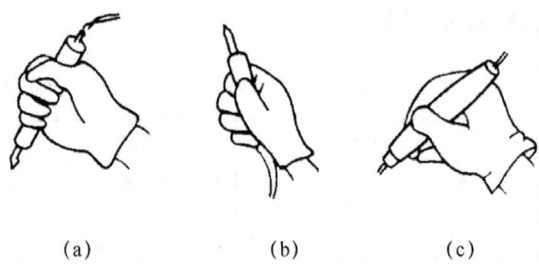

图 2-20 电烙铁的握拿方法
(a) 反握法　(b) 正握法　(c) 笔握法

焊锡丝的握拿方法如图 2-21 所示。

图 2-21 焊锡丝的握拿
(a) 连续锡焊时焊锡丝的拿法　(b) 断续锡焊时焊锡丝的拿法

三、焊接操作的基本步骤

对于焊接技术人员掌握焊接的五步法是最常用的焊接步骤，如图 2-22 所示。

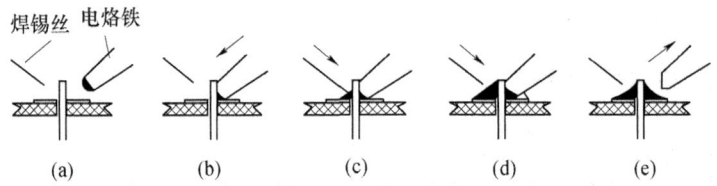

图 2-22 五步焊接法
(a) 准备施焊　(b) 加热焊件　(c) 融化焊料
(d) 移开焊锡　(e) 移开烙铁

四、焊接质量及缺陷分析

(1) 焊接时，要保证每个焊点焊接牢固、接触良好，具体如图 2-23 所示。

合格焊点应该是锡点光亮圆滑而无毛刺，锡量适中。锡和被焊物融合牢固。不应有虚焊和假焊等现象。

虚焊是焊点处只有少量锡焊住，造成接触不良，时通时断。假焊是指表面上好像焊住

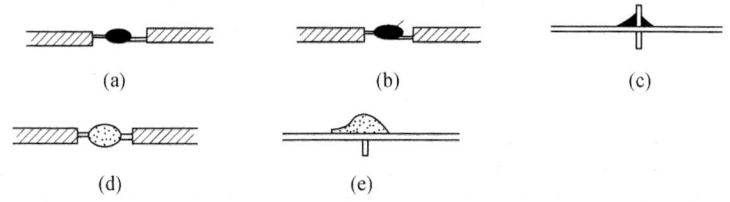

图 2-23 焊点合格判断
(a) 合格焊点 (b) 焊点有毛刺 (c) 锡量过少 (d) 蜂窝状虚焊 (e) 锡量过多

了,但实际上并没有焊上,有时用手一拔,引线就可以从焊点中拔出。这两种情况将给电子制作的调试和检修带来极大的困难。只有经过大量、认真的焊接实践,才能避免这两种情况。另外,焊接电路板时,一定要控制好时间。焊接时间过长,电路板将被烧焦,或造成铜箔脱落。

(2) 焊点质量的好坏直接影响电子产品的质量。常见焊点缺陷如表 2-6 所示。

表 2-6 常见焊点缺陷及原因

缺陷	外观	危害	原因分析
焊料过多	焊料面呈凸形	浪费焊料,且可能包藏缺陷	焊丝撤离过迟
过热	焊点发白,无金属光泽,表面较粗糙	(1) 焊盘容易剥落,强度降低 (2) 造成元器件失效损坏	烙铁功率过大,加热时间过长
冷焊	表面呈豆腐渣状颗粒,有时可有裂纹	强度低,导电性不好	焊料未凝固时焊件抖动
虚焊	焊料与焊件交界面接触角过大,不平滑	强度低,不通或时通时断	(1) 焊件清理不干净 (2) 助焊剂不足或质量差 (3) 焊件未充分加热
搭桥	相邻导线搭接	电气短路	(1) 焊锡过多 (2) 烙铁施焊撤离方向不当
针孔	目测或放大镜可见有孔	焊点容易腐蚀	焊盘孔与引线间隙太大

(3) 合格焊点的检查方法。高质量的焊点应具备以下几方面的技术要求。

1) 具有一定的机械强度。为保证被焊件在受到振动或冲击时不出现松动，要求焊点有足够的机械强度。但不能使用过多的焊锡，避免焊锡堆积出现短路和桥接现象。

2) 保证其良好、可靠的电气性能。由于电流要流经焊点，为保证焊点有良好的导电性，必须要防止虚焊、假焊。出现虚焊、假焊时，焊锡与被焊物表面没有形成合金，只是依附在被焊物金属表面，导致焊点的接触电阻增大，影响整机的电气性能，有时电路会出现时断时通的现象。

3) 具有一定的大小、光泽和清洁美观的表面。焊点的外观应美观光滑、圆润、清洁、整齐、均匀，焊锡充满整个焊盘并与焊盘大小比例适中。

综上所述，一个合格焊点从外观上看，必须达到以下要求。

1) 形状以焊点的中心为界，左右对称，呈半弓形凹面。
2) 焊料量均匀适当，表面光亮平滑，无毛刺和针孔。
3) 焊角小于 30°。

合格焊点形状如图 2-24 所示。

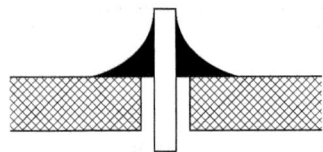

图 2-24 合格焊点

焊接完成后应对焊接质量进行外观检验，其标准和方法如表 2-7 所示。

表 2-7　　　　　　　　合格焊点的外观质量标准与检查方法

标准		1) 焊点表面明亮、平滑、有光泽，对称于引线，无针眼、无砂眼、无气孔 2) 焊锡充满整个焊盘，形成对称的焊角 3) 焊接外形应以焊件为中心，均匀、成裙状拉开 4) 焊点干净，见不到焊剂的残渣，在焊点表面应有薄薄的一层焊剂 5) 焊点上没有拉尖、裂纹
方法	目测法	用眼睛观看焊点的外观质量及电路板整体的情况是否符合外观检验标准，即检查各焊点是否有漏焊、连焊、桥接、焊料飞溅以及导线或元器件绝缘的损伤等焊接缺陷
	手触法	用手触摸元器件（不是用手去触摸焊点），对可疑焊点也可以用镊子轻轻牵拉引线，观察焊点有无异常。这对发现虚焊和假焊特别有效，可以检查有无导线断线、焊盘脱落等缺点

任务五　循环彩灯电路的装配与焊接

【学习目标】

(1) 熟悉常用元器件的识别与检测。
(2) 加强常用元件的引线成形加工方法。

（3）掌握常用元器件的焊接方法。
（4）掌握导线的焊接方法。

【学习地点】

实训室

【学习课时】

16 课时

【学习过程】

一、电路装配

（1）识别和清点元器件：根据元件清单清点实际元器件的数目。
（2）检测元器件，并填写表 2-8 至表 2-11。

表 2-8　　　　　　　　　　　　　检测电阻

电阻	R_1	R_2	R_3	R_4	R_5	R_6	R_7	R_8	R_9	R_{10}
标称值										
实测值										
好/坏										

表 2-9　　　　　　　　　　　　　检测电容

电容	C_1	C_2	C_3	C_4	C_5
标称值					
正向漏电电阻					
好/坏					

表 2-10　　　　　　　　　　　　　检测二极管

二极管	D_1	D_2	D_3	D_4	D_5	D_6	D_7	D_8	D_9
正向电阻									
反向电阻									
好/坏									

表 2-11　　　　　　　　　　　　　检测晶体管

晶体管	VT_1	VT_2	VT_3	VT_4
判管脚				
测 β 值				
好/坏				

（3）元件引线成形加工：将电阻、电容、二极管、晶体管按照实际尺寸和位置进行相

应的引脚成形。

(4) 认识印制电路板并按照电路图合理插装电路元器件，注意以下问题。

1) 插装电阻和二极管时，有什么区别？

_____

_____

2) 插装电容和晶体管时应该注意些什么？

_____

_____

二、电路焊接

(1) 各元器件之间可以怎么样连接？具体怎样操作？

_____

_____

(2) 怎样焊接导线，有哪些要求？

_____

_____

三、综合评价（见表 2-12）

表 2-12

项目	自我评价			小组评价			教师评价		
	8~10	6~7	1~5	8~10	6~7	1~5	8~10	6~7	1~5
纪律与积极性									
元器件识别									
元器件检测									
元器件引脚成形加工									
元器件布局									
任务总体完成情况									
协作精神									
时间观念									
操作是否规范									
总评									

【知识链接】

一、印制电路板元器件插装工艺要求

(1) 元器件在印制电路板上的分布应尽量均匀,疏密一致,排列整齐美观,不允许斜排、立体交叉和重叠排列。

(2) 安装顺序一般为先低后高,先轻后重,先易后难,先一般元器件后特殊元器件。

(3) 有安装高度的元器件要符合规定要求,统一规格的元器件尽量安装在同一高度上。

(4) 有极性的元器件,安装前可以套上相应的套管,安装时极性不得差错。

(5) 元器件引线直径与印制电路板焊盘孔径应有 0.2~0.4mm 合理间隙。

(6) 元器件一般应布置在印制电路板的同一面,元器件外壳或引线不得相碰,要保证 0.5~1mm 的安全间隙。无法避免接触时,应套绝缘套管。

(7) 安装较大元器件时,应采取紧固措施。

(8) 安装发热元器件时,要与印制电路板保持一定的距离,不允许贴板安装。

(9) 热敏元器件的安装要远离发热元件。变压器等电感器件的安装,要减少对邻近元器件的干扰。

二、印制电路板上导线焊接技能

单孔印制电路板是一种可用于焊接训练和搭建试验电路用的印制电路板。在单孔印制电路板中导线一般采用直径为 0.5mm 的镀锡裸铜丝来进行各种电路的连接。

1. 镀锡裸铜丝焊接要求

(1) 镀锡裸铜丝挺直,整个走线呈现直线状态,弯成 90°。

(2) 焊点均匀一致,导线与焊盘融为一体,无虚焊、假焊。

(3) 镀锡裸铜丝紧贴印制电路板,不得拱起、弯曲。

(4) 对于较长尺寸的镀锡裸铜丝,在印制电路板上应每隔 10mm 加焊一个焊点。

2. 插焊方法和技巧

(1) 焊接前先将镀锡裸铜丝拉直,按照工艺图纸要求,将其剪成所需要长短的线材,并按工艺要求加工成形待用。

(2) 按照工艺图纸要求,将成形后的镀锡裸铜丝插装在单孔印制电路板的相应位置,并用交叉镊子固定,然后进行焊接。

注意:对成直角状的镀锡裸铜丝焊接时,应先焊接直角处的焊点,注意不能先焊两头,避免中间拱起。

3. 焊接的连接方式

印制电路板上元器件和零部件的连接方式有直接焊接和间接焊接两种。直接焊接是利用元器件的引出线与印制电路板上的焊盘直接焊接起来。焊接时往往采用插焊技术。间接焊接是采用导线、接插件将元器件或零部件与印制电路板上的焊盘连接起来。

任务六　循环灯电路调试与验收

【学习目标】

(1) 检验手工焊接技术是否合格。
(2) 掌握焊接完整电路的方法。
(3) 能对电路进行基本的调试和排故。

【学习地点】

实训室

【学习课时】

6 课时

【学习过程】

一、电路分析与调试

(1) 简要说明电路工作原理。

_____
_____
_____

(2) 电路通电前检查以下两项。
1) 检查是否有插错元器件。
2) 检查设计布线是否有错误，铜皮是否有短路或开路。
(3) 通电后，若电路可以正常工作，请做以下练习及思考。
1) 计算每路灯亮的间隔时间（$\tau = RC$），若用 3.3kΩ 换 2.2kΩ，循环灯情况如何？

_____
_____
_____

2) 如果适当提高或降低电压，循环灯情况如何，为什么？

_____
_____
_____

3) 能使灯变亮一点的方法有几种？

_____
_____
_____

二、作品验收

(1) 考核方式。

1) 电路板的制作质量。

2) 一对一的发问考试。

(2) 考核内容。

1) 电路能正常工作。(占 20%)

2) 电路板的元件排列整齐,焊点标准,布线合理、美观。(占 50%)。

3) 电路原理,元件作用,故障分析等知识的认知。(占 30%)

(3) 小组总结制作电路时遇到困难与出现过故障(见表 2-13)。

表 2-13　　　　　　　　　　　　困难故障

困难	解决方法	故障	解决方法
①		①	
②		②	

三、综合评价(见表 2-14)

表 2-14

项目	自我评价			小组评价			教师评价		
	8~10	6~7	1~5	8~10	6~7	1~5	8~10	6~7	1~5
纪律与认真度									
知识收集									
工作任务一									
工作任务二									
工作任务三									
工作任务四									
工作任务五									
工作任务六									
协作精神									
时间观念									
安全操作规程执行									
总评									

任务七　测试与总结

【学习目标】

(1) 对学生进行考核测试,表扬优秀学生,提高学习兴趣。

(2) 总结所学知识与经验,使技术得到升华。

【学习地点】

实训室

【学习课时】

4课时

【学习过程】

一、考核测试

(1) 小组展示工作成果，推荐2名或3名学生进行考核测试。

(2) 推选表现前3名的优秀团队，对比自己所在的组找出差距，填写表2-15。

表2-15

组号	值得你学习的地方	还需改进的地方
1		
2		
3		

二、工作总结

(1) 总结所学到理论与实操知识。哪些知识学得比较好，哪些还未完全掌握。

(2) 在今后的学习中要注意哪些方面等。

三、综合评价（见表2-16）

表2-16

项目	自我评价			小组评价			教师评价		
	8～10	6～7	1～5	8～10	6～7	1～5	8～10	6～7	1～5
总结									
工作任务一									
工作任务二									
工作任务三									
工作任务四									
工作任务五									
工作任务六									
工作任务七									
总评									

项目三
万能充电器的制作

【工作情景描述】

数码产品已成为人们生活中的必需品，它轻巧、便捷，可以随时随地使用，从而使其电池充电器成为必不可少的附带品。为了让用户携带充电器便利，充电器电路也向着微型化和便携式的方向发展——电路中大量使用贴片元器件。本次项目主要让学生认识SMT技术并掌握贴片元件的焊接与拆装技术，跟进电子时代脚步。

【知识目标】

(1) 熟悉焊接贴片元器件需准备的工具和材料。
(2) 熟悉电子常用贴片元器件的装配及焊接方法。
(3) 了解实际企业中SMT技术的生产流程。
(4) 懂得分析万能充电器电路原理，并懂得其制作与维修。

【技能目标】

(1) 培养出学生对电子技术的兴趣。
(2) 能懂得贴片电阻、贴片电容、贴片晶体管等元器件的识别、测量与选择。
(3) 掌握热风枪的使用方法。
(4) 掌握恒温烙铁的使用方法。
(5) 掌握吸焊带的使用技巧。
(6) 能熟练掌握充电器电路的焊接方法及拆焊方式。
(7) 能懂得充电器电路基本维修方法与元器件在路测量法。

【工作流程与内容】

任务一　认识表面贴装技术（SMT）及贴片元器件
任务二　认识万能充电器电路
任务三　贴片焊接工具、焊料等辅助材料
任务四　表面贴装元器件的方法
任务五　充电器电路的装配与焊接
任务六　充电器电路调试与验收
任务七　测试与总结

任务一 认识表面贴装技术（SMT）及贴片元器件

【学习目标】

(1) 认识 SMT 技术。
(2) 熟悉 SMT 技术的特点及应用。
(3) 认识贴片元器件的规格和种类。
(4) 理解贴片元器件与直插元器件的使用区别。

【学习地点】

实训室

【学习课时】

4 课时

【学习过程】

一、信息收集

(1) 观察你身边的电子产品，你知道有哪些采用了 SMT 技术？
_____
_____
_____
_____

(2) SMT 技术有哪些优点？
_____
_____
_____
_____

(3) 一般在什么情况下会选择使用 SMT 技术？
_____
_____
_____
_____

(4) 贴片元器件与直插元器件使用起来有没有区别？为什么？
_____
_____

(5) 贴片电容分为：_____、_____、_____、_____。
(6) IC 按封装形式可分为：_____、_____、_____、_____。

(7) 贴片电阻的丝印为 542，其电阻值是_____；1562 的电阻值是_____；330 的电阻值是_____。

二、技能实训

1. 实操工具

放大镜一只，单面表面贴装印制电路板一块，表面贴装电阻器、电容器和晶体管等贴片元器件若干个。

2. 操作要求

（1）能认识并分辨各种贴装元器件。

（2）能识读元器件的阻值大小并能检测其好坏。

（3）操作过程

1) 准备好贴片元器件。

2) 各类元器件分类。

3) 利用放大镜，识读贴片电阻的阻值，并利用万用表检测。

4) 利用万用表测量电容容量及好坏。

5) 利用万用表测量二极管、晶体管的极性并判断其好坏。

3. 操作指导

结合前面介绍的内容，简要操作示范各类元器件的检测。

4. 操作测试

采用考核计分形式，对学生的实操进行考核，从而了解学生的实操进度及效果。

三、综合评价（见表 3-1）

表 3-1

评价项目	自我评价			小组评价			教师评价		
	8～10	6～7	1～5	8～10	6～7	1～5	8～10	6～7	1～5
学生纪律与积极性									
资料收集									
电阻的识别与检测									
电容的识别与检测									
二极管的识别与检测									
晶体管的识别与检测									
安全操作规程执行									
协作精神及时间概念									
总评									

【知识链接】

一、SMT 的相关概念

SMT 是先进的电路组装技术，它将体积很小的无引线或短引线片状元器件直接贴装在印制电路板铜箔上,从而实现了电子产品组装的高密集度、高可靠性、小型化、低成本以及生产的自动化。SMT现在已成为现代电子制造业的主流技术。

我们使用的计算机、手机、打印机、复印机、数码相机,还有许多集成化程度高、体积小、功能强的高科技控制系统,都是采用SMT生产制造出来的,如图3-1所示。

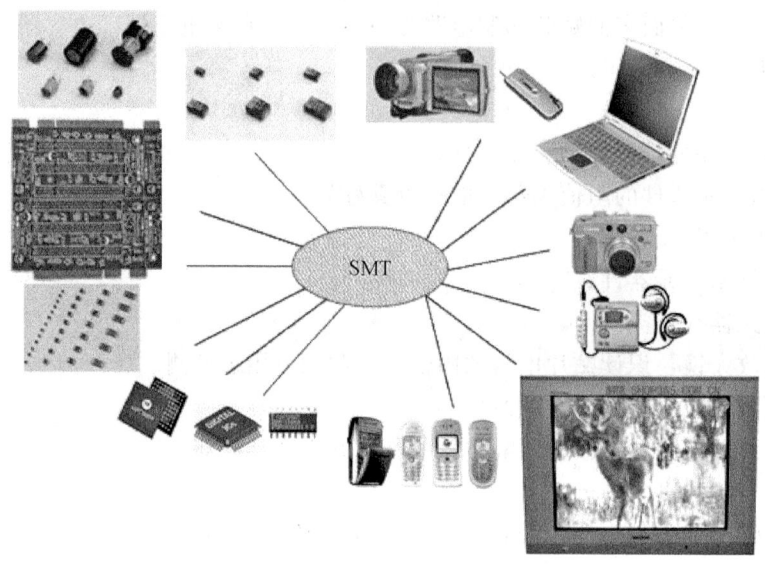

图3-1 SMT的应用

二、SMT元器件(如图3-2所示)

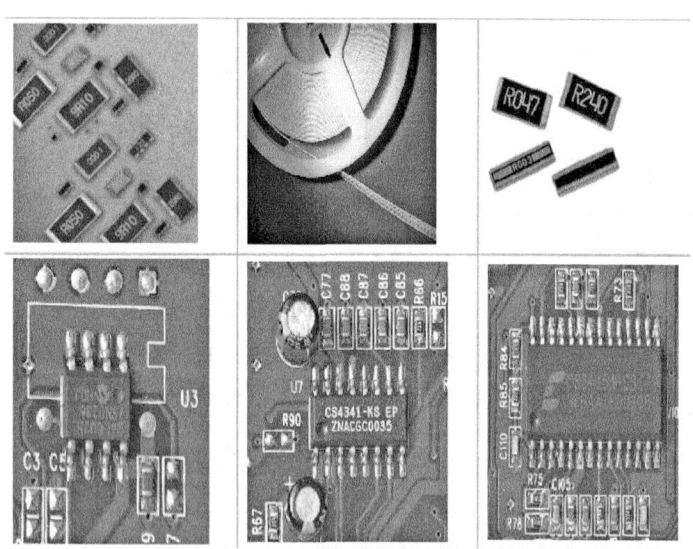

图3-2 SMT元器件

表面安装元器件在功能上和插装元器件没有差别,其不同之处在于元器件的封装。贴片元器件,体积小,占用PCB面积少,元器件之间布线距离短,高频性能好,缩小设备体积，尤其便于便携式手持设备。

1. 贴片电阻（如图3-3所示）

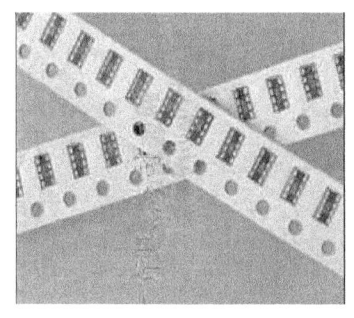 

图3-3 贴片电阻

贴片电阻是金属玻璃铀电阻器中的一种，是将金属粉和玻璃铀粉混合，采用丝网印刷法印在基板上制成的电阻器。其特点是耐潮湿、耐高温、温度系数小。

2. 贴片电容（如图3-4所示）

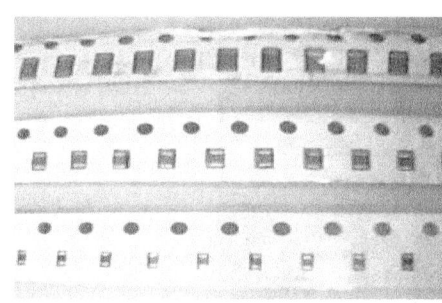 

图3-4 贴片电容

贴片电容有贴片式陶瓷电容、贴片式钽电容、贴片式铝电解电容、有机薄膜片式电容器和云母片式电容器。

贴片式钽电容的特点是寿命长、耐高温、准确度高、滤高频改波性能极好，不过容量较小、价格也比铝电容贵，而且耐电压及电流能力相对较弱。它被应用于小容量的低频滤波电路中。

3. 贴片二极管（如图3-5所示）

贴片二极管的特点是体积小、耗电量低、使用寿命长、高亮度、环保、坚固耐用牢靠、适合量产、反应快，防震、节能、高解析度、耐震、可设计等优点。

4. 贴片晶体管（如图3-6所示）

贴片晶体管一般可分为SOT23、SOT89、SOT143三种，其中SOT23、SOT89较为常见。

5. 贴片集成芯片

根据贴片IC封装形式可以分为PLCC（四方J形引脚，如图3-7所示）、QFP（正四方，如图3-8所示）和BGA（底部球状形，如图3-9所示）三种形式。

 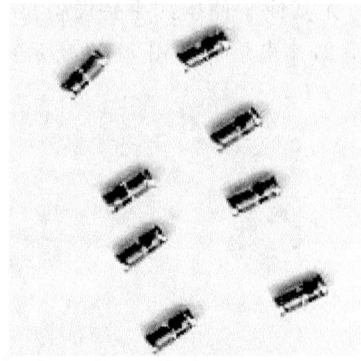

图 3-5 贴片二极管

图 3-6 贴片晶体管

图 3-7 PLCC 封装芯片　　　图 3-8 QFP 封装芯片

图 3-9　BGA 封装芯片

任务二　认识万能充电器电路

【学习目标】

(1) 认识万能充电器的电路结构及原理。
(2) 能根据电路图和装配图找到相应实物元器件。

【学习地点】

实训室

【学习课时】

4 课时

【学习过程】

一、电路收集

(1) 结合我们的生活，想想哪些电子产品需要用到万能充电器？

_____
_____
_____

(2) 通过网络或书籍，了解万能充电器的工作原理。

_____
_____
_____

二、认识电路

结合万能充电器的电路图（如图 3-10 所示）和装配图（如图 3-11 所示），认识电路结构，并初步分析电路原理。

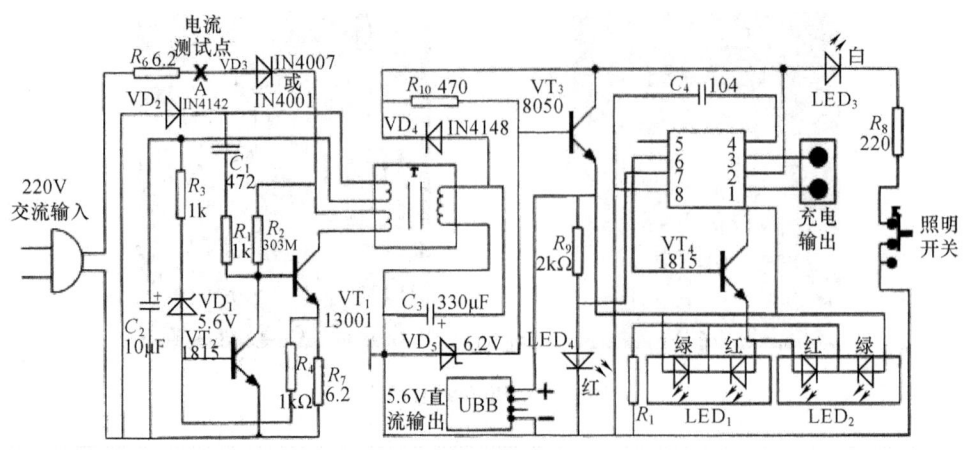

图 3-10 万能充电器电路图

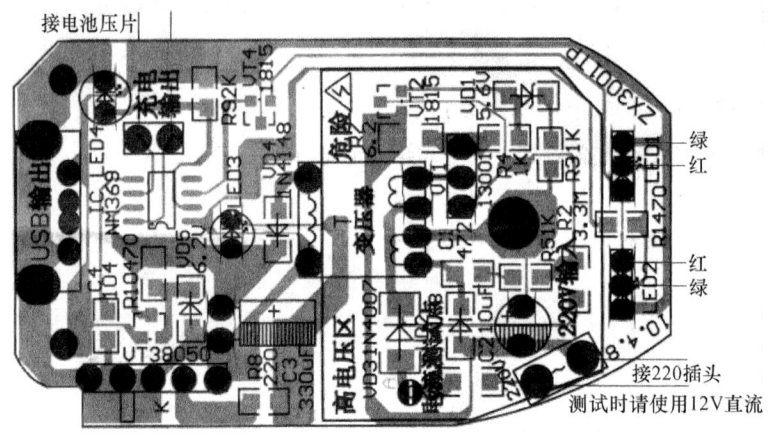

图 3-11 万能充电器装配图

三、认识电路元器件

对照装配图,认识相应的元器件实物。

四、综合评价(见表 3-2)

表 3-2

项目	自我评价			小组评价			教师评价		
	8~10	6~7	1~5	8~10	6~7	1~5	8~10	6~7	1~5
资料收集									
熟悉电路结构									
分析电路原理									
认识电路元器件									
团结协作精神									
总评									

任务三　贴片焊接工具、焊料等辅助材料

【学习目标】

　　(1) 认识贴片元器件焊接工具与辅助材料。
　　(2) 学会使用热风枪、电烙铁。

【学习地点】

　　实训室

【学习课时】

　　4 课时

【学习过程】

一、信息收集及问题解答

(1) 安装贴片元器件时,要用到哪些焊接工具?

_____
_____
_____

(2) 使用热风枪时,应注意哪些事项?

_____
_____
_____

(3) 贴片元件安装时,需要用到哪些辅助材料?

_____
_____
_____

(4) 助焊剂有什么作用?

_____
_____
_____

二、综合评价(见表 3-3)

表 3-3

项目	自我评价			小组评价			教师评价		
	8~10	6~7	1~5	8~10	6~7	1~5	8~10	6~7	1~5
认识安装工具									
热风枪的使用规范									
电烙铁的维护									
辅助材料的认识									
辅助材料的使用									
总评									

【知识链接】

一、安装工具

1. 热风枪

台式热风枪如图 3-12 所示,其指标如表 3-4 所示。

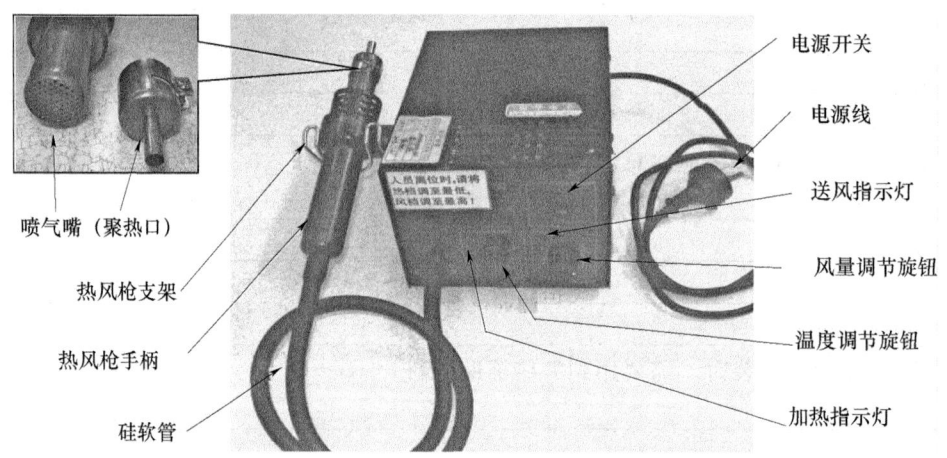

图 3-12 台式热风枪

表 3-4　　　　　　　　台式热风枪的各项指标

名称/型号	台式热风枪 HAKKO 850B
功率	300W
风量	23L/min(最大)
温度	100~450℃
适用	适用于拆装普通电阻、电容元器件、BGA 和集成电路等元器件

电子恒温热风枪如图3-13所示,其指标如表3-5所示。

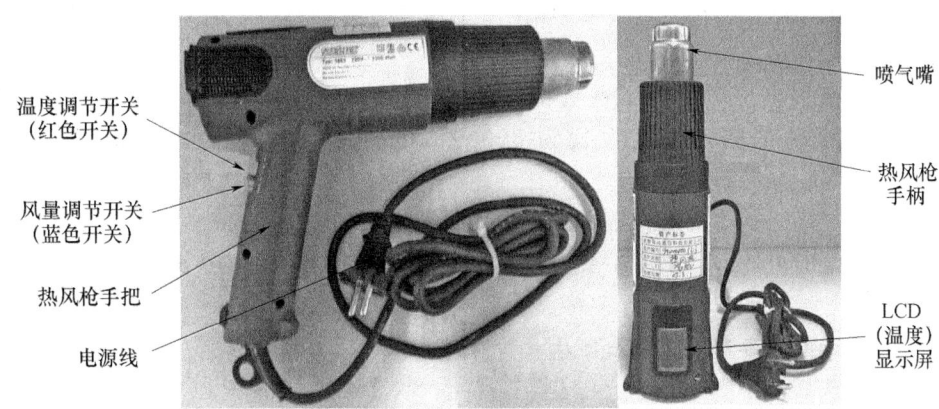

图3-13 电子恒温热风枪

表3-5 电子恒温热风枪的各项指标

名称/型号	电子恒温热风枪 HL－2305（LCD）
功率	2300W
热度/风量设置	三段速推制式
温度	1挡：50℃冷风。2挡：50～650℃电子恒温
风量	1挡：250L/min（冷风）。2挡：150～270L/min（随热度转换）。3挡：250～500L/min（随热度转换）
适用	适用于拆装电池连接器、耳机插试、SIM卡座等含塑料成分的元器件、屏蔽盖等大型元器件以及需要均匀加热的BGA、集成电路等元器件

热风枪使用规范如下。

(1) 热风枪使用前,针对焊拆要求,如IC封装（SOP、QFP封装、BGA类及底填胶处理）、部件（耳机座、屏蔽盖）、小元件（贴片电阻、电容、电感）等,使用时再选择适宜温度、风量及风嘴距板的距离。

(2) 在吹焊主板上的SIM卡座、电池连接器、耳机插座等含塑料成分的元件时,建议使用电子恒温热风枪（HL－2305）,温度设定在280℃（高于锡丝的熔点,低于塑料的熔点）,风量设定在250L/min左右,避免塑料元件起泡、变形。

(3) 热风枪在使用操作过程中,手不得碰触热风或喷气嘴周围的金属部位,以免烫伤。喷气嘴不可朝向人体或易燃品。

(4) 热风枪旁边10cm之内不得摆放易燃易爆的危险品,如酒精等。

(5) 台式热风枪（HAKKO 850B）不用时应将热风关至最小,风量开到最大,并将风枪手柄挂于支架上。

(6) 电子恒温热风枪（HL－2305）不用时应关闭温度开关,并将风口朝上放置。

(7) 热风枪使用结束后,关闭电源（POWER）开关,喷气嘴仍会喷出冷风,进行冷却。在冷却时不得拔去电源插头。

2. 电烙铁

电烙铁的温度设定应遵循下列原则。

（1）电烙铁使用前应检查使用电压是否与电烙铁标称电压相符。

（2）温度由实际使用决定，以 4s 焊接一个锡点最为合适。平时观察烙铁头，当其发紫时候，温度设置过高。

（3）一般直插电子料，将烙铁头的实际温度设置为 330～370℃；表面贴装物料（SMC），将烙铁头的实际温度设置为 300～320℃；特殊物料，需要特别设置烙铁温度。

（4）咪头、蜂鸣器等要用含银锡丝，温度一般在 270～290℃。

（5）焊接大的组件脚，温度不要超过 380℃，但可以增大烙铁功率。

注意

（1）电烙铁使用前应检查使用电压是否与电烙铁标称电压相符。

（2）电烙铁应该接地。

（3）电烙铁通电后不能任意敲击、拆卸及安装其电热部分零件。

（4）电烙铁应保持干燥，不宜在过分潮湿或淋雨环境中使用。

（5）拆烙铁头时要切断电源。

（6）切断电源后，最好利用余热在烙铁头上一层锡，以保护烙铁头。

（7）当烙铁头上有黑色氧化层时可用砂布擦去，然后通电，并立即上锡。

（8）海绵用来收集锡渣和锡珠，用手捏刚好不出水为适。

（9）焊接之前做好"5S"，焊接之后也要做"5S"。

3. 辅助工具及辅助材料

在贴片元器件焊接过程中需要用到钳子、螺钉旋具、镊子等辅助工具和焊料、助焊剂等辅助材料，它们的外形与用途见项目二的介绍。

任务四　表面贴装元器件的方法

【学习目标】

（1）掌握两脚和多脚贴片元器件的贴装方法。

（2）学会检验贴片元器件的安装质量。

【学习地点】

实训室

【学习课时】

18 课时

【学习过程】

一、信息收集

（1）查阅相关资料，认识贴片元器件的安装方法有哪些？

(2) 安装两脚元器件和多脚元器件的方法有什么区别？

(3) 多脚元器件按封装形式可分为哪些类？安装时有哪些共同点和不同点？

(4) 安装什么元器件时，一般使用恒温电烙铁焊接？

(5) 使用热风枪时，不同的物质，选用不同的温度，具体有什么设定原则？

(6) 什么是拖焊？具体怎样操作？

二、技能实训

1. 实操工具

放大镜一只，单面表面贴装印制电路板一块，表面贴装电阻器、贴装电容器、QFP/SOP/BGA类封装芯片等若干个。

2. 操作要求

(1) 能认识并分辨各种贴装元器件。

(2) 能利用热风枪、恒温电烙铁及其他辅助工具和材料焊接贴片元器件。

3. 操作过程

(1) 准备好贴片元器件、安装工具及辅助材料。

(2) 使用电烙铁焊接贴片电阻、电容等两脚元器件。

(3) 使用电烙铁焊接SOP/QFP类封装芯片。

(4) 使用电烙铁安装BGA类封装芯片。

(5) 反复练习以上操作。

4. 操作指导

结合实操内容，操作示范各类贴片元器件的安装方法及技巧，并强调注意事项。

5. 操作测试

采用考核计分形式,对学生的实操进行考核,从而了解学生的实操进度及效果。

三、综合评价(见表3-6)

表3-6

评价项目	自我评价			小组评价			教师评价		
	8~10	6~7	1~5	8~10	6~7	1~5	8~10	6~7	1~5
认识焊接工具及辅助材料									
两脚元器件的安装									
BGA封装元器件的安装									
SOP/QFP封装元器件的安装									
总评									

【知识链接】

一、两脚元器件的焊接

(1) 两脚元器件主要有贴片电阻、电容、电感、二极管等,具体操作方法如下:

1) 在焊接之前先在焊盘上涂抹助焊剂,用烙铁处理一遍,以使焊盘镀锡良好。

2) 在元件的一个焊盘上熔上少量的焊锡。

3) 用镊子将器件定位到安装位置,保证安装元器件引脚在一个裸焊盘和一个焊锡覆盖的焊盘上。

4) 用镊子抓紧元件向下推,同时用恒温烙铁加热已镀锡的焊盘(烙铁设置温度为300~320℃)。焊锡熔化,将元器件推至焊盘,再移开烙铁。

5) 焊接元器件的另一端,用烙铁触及焊盘和元器件引脚,添加焊锡,使之也触及焊盘和引脚。

6) 检查焊点,若焊锡太多,可用去焊丝清除一点,太少则加一点焊锡。

温馨提示:烙铁在焊接元件上停留时间控制在2s以内,若未焊接好元器件,最好重新熔化焊锡,再焊接一次。

二、多管脚贴片IC的焊接

贴片IC的管脚比较多,焊接起来相对比较麻烦,但只要掌握了焊接技巧,还是很容易安装的。不同IC的具体操作方法如下所示。

1. BGA类封装芯片的焊接

由于BGA类封装芯片的焊点在元件底面,在安装过程只能采用热风枪进行回流焊。下面具体介绍操作步骤。

(1) 准备工作:用电烙铁将IC上过大的焊锡去除,洗净后检查IC焊点是否光亮,如部分氧化可用电烙铁加助焊剂和焊锡,使之光亮,以便植锡。

(2) 固定IC。

1) 高温胶纸固定法（如图3-14所示）。将IC对准植锡板网孔按压到位，用高温胶纸将IC与植锡板贴牢，把植锡板用手或镊子按牢不动，然后刮浆上锡膏。

图3-14 高温胶纸固定法　　　　　　　　图3-15 垫纸板固定法

2) 垫纸板固定法（如图3-15所示）。在IC下面垫纸板，然后把植锡板孔与IC脚对准放上，用手或镊子按牢植锡板，刮锡膏。

(3) 上锡膏（如图3-16所示）。如锡浆太稀，吹焊时就容易沸腾，导致成球困难，因此锡膏越干越好，只要不是干得发硬成块即可；如果太稀，可用餐巾纸压一压吸干一点。平时可挑一些锡膏放在锡膏内盖上，让它自然晾干一点。用平口刀挑适量锡膏到植锡板上，用力往下刮，边刮边压，使锡膏均匀地填充植锡板的小孔，然后用棉签将植锡板上的多余锡膏清除后即可进行下步作业。

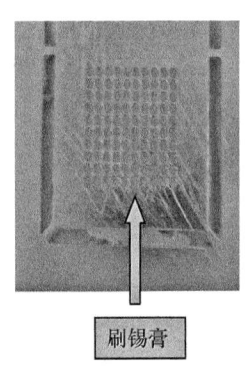  

图3-16 上锡膏　　　　　　　　图3-17 吹焊

(4) 开始吹焊（如图3-17所示）。建议使用台式热风枪风力调小至2挡，晃动风嘴，对着植锡板缓缓均匀加热，使锡膏慢慢熔化。当看见植锡板的个别小孔中已有锡球生成时，说明温度已经到位，这时应当抬高热风枪，避免温度继续上升。过高的温度会使锡膏剧烈沸腾，导致植锡失败，严重的还会使IC过热损坏。

注意事项：如果吹焊成功，发现有些锡球大小不均匀，甚至个别没有上锡，可先用刮刀沿着植锡板表面将过大锡球的露出部分削平，再用刮起刀将锡球过小和缺脚的小孔中上满锡膏，用热风枪再吹一次即可。如果还不行，重复上述操作直至理想状态。重新植球，必须将植锡板清洗干净、擦干。取植锡板时，趁热用镊子尖在IC四个角向下压一下，这样就比较容易取下。

(5) 芯片焊接（如图 3-18 所示）。同植锡球要求一样，调节热风枪至适合的风量和温度，让风嘴的中央对准 IC 的中央位置，缓缓加热。当看到 IC 往下一沉四周有助焊膏溢出时，说明锡球已和线路板上的焊点熔合在一起。这时可以轻轻晃动热风枪使加热均匀充分，由于表面张力的作用，BGA IC 与线路板的焊点之间会自动对准定位，焊接完成后用酒精将板清洗干净即可。

图 3-18 芯片焊接

注意事项：在加热过程中切勿用力按 BGA，否则会使焊锡外溢，极易造成脱脚和短路。

(6) 芯片点胶（如图 3-19 所示）。利用焊锡球来焊接。模块缩小了体积，也决定了比较容易虚焊的特性，为了加固这种模块，便采用滴胶方法，将针筒内胶施与器件边缘。保证芯片内部完全融胶。

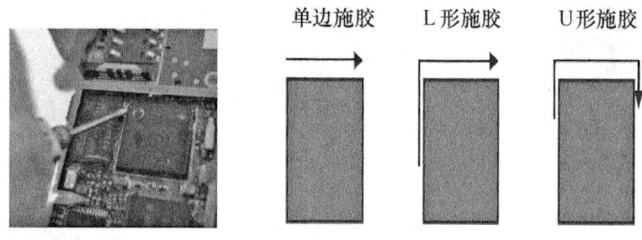

图 3-19 芯片点胶

注意事项：施胶路径取决于芯片的大小，对小芯片可采用单边施胶，而对大芯片可采用 L 形或 U 形施胶，以加快填充。

2. SOP/QFP 类封装芯片的焊接

对于 SOP/QFP 类封装芯片焊接有效的方式是利用电烙铁进行拖焊，下面具体介绍拖焊的具体方法。

(1) 准备工作：准备好恒温烙铁、焊锡丝及助焊剂。
(2) 放置芯片：根据管脚号，将芯片放置在相应焊盘上，如图 3-20 所示。
(3) 固定芯片：先用手压紧芯片顶端，再用熔化好的焊锡固定管脚，如图 3-21 所示。
(4) 上锡：固定好后在 IC 脚的头部均匀地上焊丝，四角都需上好焊锡，如图 3-22 所示。
(5) 把 PCB 斜放 45°，如图 3-23 所示。

图 3-20 放置芯片

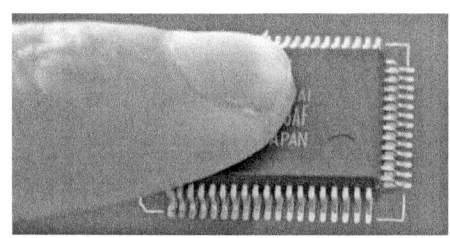 

图 3-21 固定芯片

图 3-22 芯片四角上锡

图 3-23 芯片成 45°脚放置　　　　图 3-24 去除多余焊锡

(6) 把烙铁头放入松香中，甩掉烙铁头部多余的焊锡，如图 3-24 所示。

(7) 把粘有松香的烙铁头迅速放到斜着的 PCB 头部的焊锡部分，如图 3-25 所示。

图 3-25　烙铁头倾斜放置　　图 3-26　烙铁运动方向　　图 3-27　焊接后的芯片

(8) 使电烙铁按照曲线箭头方向运动，如图 3-26 所示。

(9) 焊接后的芯片如图 3-27 所示。

(10) 利用清洗剂清洗芯片表面，如图 3-28 所示。

(11) 芯片安装完毕后，如图 3-29 所示。

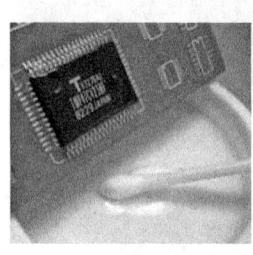 

图 3-28　清洗芯片表面　　　　图 3-29　芯片安装完毕后

任务五　充电器电路的装配与焊接

【学习目标】

(1) 熟悉常用贴片元器件的贴装方法。

(2) 能识别电路元器件并检测它的好坏。

(3) 能熟练装配和焊接充电器电路。

【学习地点】

实训室

【学习课时】

18 课时

【学习过程】

一、元器件清点与检测

结合图 3-30 元件实物图及表 3-7 的元器件清单表格，清点电路元器件的种类和数目。

图 3-30 元器件实物

表 3-7　　　　　　　　　　　元器件清单

代号	名称	规格与型号	数量	代号	名称	规格与型号	数量
VT_3	贴片晶体管	8050	1个	R_2	贴片电阻	3.3MΩ	1个
VT_2 VT_4	贴片晶体管	1815	2个	C_4	贴片电容	104μF	1个
VT_1	直插晶体管	13001	1个	C_1	贴片电容	472μF	1个
VD_3	贴片二极管	IN4007	1个	C_2	电解电容	10μF	1个
VD_2 VD_4	贴片二极管	IN4148	2个	C_3	电解电容	330μF	1个
VD_1	贴片稳压管	5.6V	1个	LED_4	基准发光管	红光（插件）	1个
VD_5	贴片稳压管	6.2V	2个	LED_3	高亮度发光管	白光（插件）	1个
R_6 R_7	贴片电阻	6.2Ω	2个	LED_1 LED_2	双色发光管	红绿光（插件）	2个
R_8	贴片电阻	220Ω	1个	K	两波段开关	（插件）	1个
R_1 R_{10}	贴片电阻	470Ω	2个	USB	USB插座	（插件）	1个
R_3 R_4 R_5	贴片电阻	1kΩ	3个	IC	贴片充电器管理集成块	NX369K	1块
R_9	贴片电阻	2kΩ	1个	T	变压器		1个

二、电路元器件检测

将电路元器件逐一测量，并将相关参数记录于表 3-8 至表 3-12 中。

表 3-8　　　　　　　　　　　电阻检测

贴片电阻	R_1	R_2	R_3	R_4	R_5	R_6	R_7	R_8	R_9	R_{10}
标称值										
实测值										
好/坏										

表 3-9　　　　　　　　　　　电容检测

电容	C_1	C_2	C_3	C_4
标称值				
正向漏电电阻				
好/坏				

表 3-10　　　　　　　　　　　二极管检测

二极管	VD_1	VD_2	VD_3	VD_4	VD_5
正向电阻					
反向电阻					
好/坏					

表 3-11　　　　　　　　　　　发光二极管检测

发光二极管	LED_1	LED_2	LED_3	LED_4
正向电阻				
反向电阻				
好/坏				

表 3-12　　　　　　　　　　　晶体管检测

晶体管	VT_1	VT_2	VT_3	VT_4
判管脚				
测 β 值				
好/坏				

温馨提示

(1) 贴片电阻：主要识读其标称阻值，用万用表检测其真实标阻值。

(2) 贴片电容及电解电容：识别判断其正负极，并用万用表检测其质量的好坏。

(3) 贴片二极管：主要判断其正负极，并用万用表检测其质量的好坏。

(4) 发光二极管：识别判断其正负极，并用万用表检测其质量的好坏。

(5) 晶体管：识别其类型与三个引脚的序列，并用万用表进行检测其质量的好坏。

三、技能实训

1. 制作工具、材料准备

(1) 工具：恒温电烙铁、镊子、剥线钳、螺钉旋具。

(2) 材料：细焊锡丝、松香、海绵。

2. 元件安装与焊接

(1) 观察电路板上元器件布局并查找相应的元器件实物。

(2) 安装时，先贴装低矮及耐热的元器件（如贴片电阻、电容、二极管），再安装大的元件（如电解电容、开关），最后贴装怕热的元器件（如晶体管、集成电路）。

(3) 焊接时注意各元器件对应位置确保无误时再进行焊接，根据工艺要求依次安装，先焊接贴片元器件（贴片电阻、电容，如图3-31所示）。

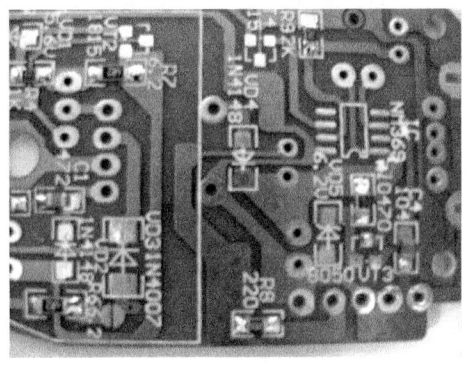 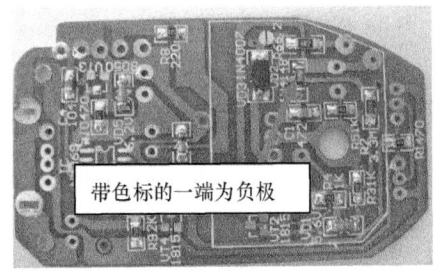

图3-31 焊接贴片电阻、电容　　　　　图3-32 焊接贴片二极管

(4) 焊接贴片二极管（4148、稳压管、4007），要特别注意极性不能焊错（带色标的一端为负极）。如图3-32所示。

(5) 焊接贴片晶体管，要先分清晶体管的e极、b极、c极，再进行元件焊接，如图3-33所示。

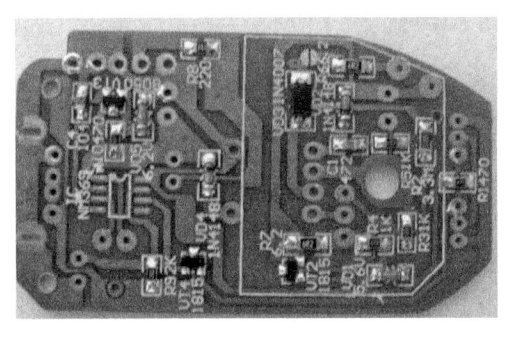 

图3-33 焊接贴片晶体管　　　　　图3-34 焊接贴片集成芯片

(6) 焊接贴片集成块芯片，芯片上带圆点的为第1脚，应对准印制电路板上的缺口焊接，如图3-34所示。

(7) 安装USB插座和波动开关及330μF电解电容，特别要注意极性，并采用卧式安装，如图3-35所示。

(8) 将其他直插元件（变压器、晶体管等）安装并焊接完毕，如图3-36所示。

(9) 安装外壳部件及引线，进入调试阶段，如图3-37所示。

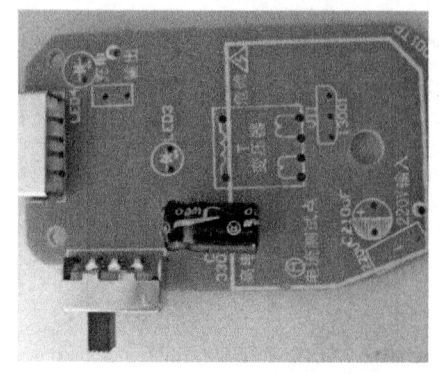
图 3-35 插座及电解电容的安装

图 3-36 其他直插元件的安装

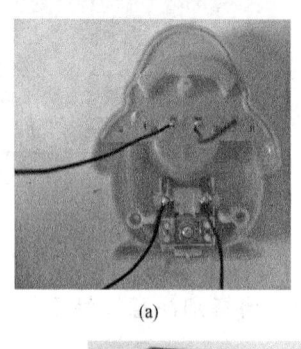
(a)

(b)

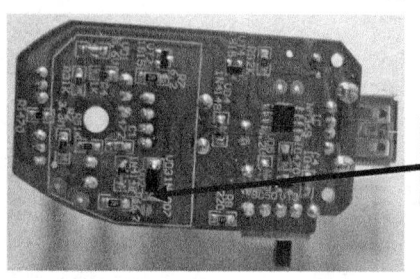

根据调试要求,合格后连通A点

(c)

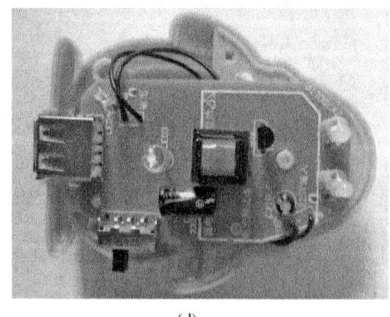
(d)

(e)

图 3-37 外壳与电路板的安装
(a) 安装外壳部件引线　(b) 电路板与外壳连线　(c) 连通 A 点
(d) 固定电路板在外壳上　(e) 安装完毕

四、综合评价（见表 3-13）

表 3-13

评价项目	自我评价			小组评价			教师评价		
	8~10	6~7	1~5	8~10	6~7	1~5	8~10	6~7	1~5
学生纪律与积极性									
资料收集									
元器件清点与检测									
元件焊接工艺									
电路板整体效果									
安全操作规程执行									
协作精神及时间概念									
总评									

任务六　充电器电路调试与验收

【学习目标】

（1）检测贴片元器件焊接技术是否合格。
（2）能否正确选择合适的贴片的元器件。
（3）学会对电路进行调试和排故。

【学习地点】

实训室

【学习课时】

6 课时

【学习过程】

一、电路分析与调试

（1）简要说明电路工作原理。

_____
_____
_____
_____

（2）电路通电前检查以下两项。

1）检查是否有插错元器件。

2）检查设计布线是否有错误，铜皮是否有短路或开路。

（3）若经多次检查后，未发现异常，进行通电调试。但若在调试时，提示电池充满电的发光管一直呈绿色（电池实际未充满），可能是什么原因？

_____

_____

_____

二、考核方式

（1）作品的制作质量。

（2）一对一的发问考试。

三、考核内容

（1）电路能正常工作。（占20%）

（2）电路板的元件排列整齐，焊点标准，布线合理、美观。（占50%）

（3）电路原理，元件作用，故障分析等知识的认知。（占30%）

四、小组总结制作电路时遇到困难与出现过故障（见表3-14）

表3-14

困难	解决方法	故障	解决方法
①		①	
②		②	

温馨提示（参考调试方法）

在组装好后先不要接入220V交流电，防止安装错误导致烧毁充电器。应当准备好一台直流稳压电源，将电压调至12V，再接入充电器的220V输入接口（注意电路板上方接正极，下方接负极）。如为交流，将电压调到24V，这时不分正负极可直接输入。再用万用表的直流（如用交流就用交流挡测）电流挡测A点的电流，如果电流小于10mA，同时LED_1、LED_2、LED_4发光管亮起（拨段开关打开后LED_3也有可能亮）说明充电器基本上没什么问题。可将A点焊接上，组装好外壳通220V工作。如果发光管全部亮起，并且测量USB输出端为5～5.7V，充电器技术处端为4.15～4.37V，说明万能充电器组装成功，可以对手机充电器充电了。注意把充电器输出端通过两根导线连到电池压片上是不分正负极性的。如果电流超过10mA并且指示灯不亮，则说明有问题，需要检查有没有哪里短路、装错的地方，维修直到能正常工作为止。

充电器调试成功后，正常工作状态为用充电器的可调触点与电池触点接触好时LED_1、LED_2为绿色，如果不为绿色而为红色，则将发光管调换180度焊接，LED_4为红色，拨段开关打开时LED_3亮起关闭时熄灭，再将充电器插到220V插座上，此时LED_1、

LED_2 应该红绿闪亮,如果充满就恢复为绿色。出现电池电量未满只亮绿色,此种现象多为电池电极与触片接触不良或电极接触错误所致,重新接触好触点进行改正。

五、综合评价(见表 3-15)

表 3-15

评价项目	自我评价			小组评价			教师评价		
	8~10	6~7	1~5	8~10	6~7	1~5	8~10	6~7	1~5
学生纪律与积极性									
电路的认识									
元件焊接工艺									
电路板整体效果									
电路成功程度									
安全操作规程执行									
协作精神及时间概念									
总评									

【知识链接】

在调试、维修或焊错的情况下,常常需要将已焊接的贴片元器件拆卸下来。在实际操作上,拆装器件要比焊接更困难,更需要使用恰当的方法和工具。如果拆装不当,便很容易损坏元器件,或使铜箔脱落而破坏印制电路板。因此,拆装技术也是应熟练掌握的一项操作基本功。

一、拆装工具

1. 恒温电烙铁

恒温电烙铁在拆装过程中比较常用,由于贴片元件体积较小,最好能采用细尖头的恒温电烙铁(见图 3-38),这样可以避免摔坏元器件。

图 3-38 恒温电烙铁

图 3-39 热风枪

2. 热风枪

拆卸多脚的贴片集成芯片时,常采用热风枪,它加热均匀并能控制加热温度,使贴片 IC 管脚焊锡均匀受热熔化,能更快更准地拆卸,而不影响印制电路板的质量(见图 3-39)。

3. 镊子

镊子采用比较尖的那一种，而且最好是不锈钢的，因为其他的可能会带有磁性，而贴片元器件比较轻，如果镊子有磁性，则会被吸在上面下不来，处理起来比较麻烦。

4. 放大镜

由于贴片元器件体积比较小，在拆卸时需采用放大镜。放大镜选用有座和带环形灯管的，不能用手持式的代替，因为有时需要在放大镜下双手操作。放大镜的放大倍数需在 5 倍以上（见图 3-40）。

图 3-40 放大镜

二、拆装方法

1. 拆装 2 脚或 3 脚贴片元器件

2 脚或 3 脚贴片元器件主要是指电阻、电容、二极管、晶体管等元器件，由于管脚较少，拆装起来比较容易，常采用恒温电烙铁和镊子等工具进行操作，具体按以下步骤进行。

（1）由于贴片元器件较小，采用放大镜确定需拆卸的元器件具体位置。

（2）一手拿镊子夹紧元器件中央，另一只手持电烙铁快速接触元器件的各个管脚的焊点。

（3）待焊点全部熔化后，利用镊子将元器件从焊盘上拉出。

（4）用烙铁头清除焊盘上多余的焊料。

2. 拆装多管脚贴片元件

拆装 SOP/BGA 等多脚贴片 IC 时，最好使用电子恒温热风枪来操作，吹焊时要求热风枪温度不得高于 (340±10)℃，同时在吹焊时根据器件合理调整风枪高度，以保证该类器件的外观完整性和整机的电气性能。

注意：用热风枪进行拆卸，要注意观察是否影响到周边元器件，有些手机的字库、模拟基带、CPU 贴得很近。在拆焊时，邻近的 IC 可用频蔽盖或高温胶带来隔热隔离，起着保护周边器件作用。另外，要避免对电路板长时间加热，对电池等易爆炸器件要做好隔热措施，以免引起事故。

（1）利用夹具将电路板固定好。

（2）去芯片周边胶：将热风枪调整至 100℃左右，使用尖锐木制工具（如牙签等）去除元器件周围的胶黏剂，以保证芯片能被轻松卸下而不损及周围器件及电路板（在此状态下，焊锡尚未熔化，不会影响周边靠得较近的元件），如图 3-41 所示。

（3）加热：调整热风枪加热温度至 BGA 焊球熔点以上（如 350℃），保持一定时间以保证焊球熔化，不要加热太长时间（正常小于 1min），在保证焊球熔化的前提下温度尽可能低点（过快温度上升、过高温度、过长时间加热都会对电路板造成损伤）。

（4）芯片卸下：只要加热至 IC 焊球熔化，即可撬下芯片而不会损坏 PCB，胶在大于 100℃时已变软，很容易取下。可利用金属镊子在芯片一角轻撬芯片，将芯片从基板分离，如图 3-42 所示。

图 3-41 去周边胶　　　　　　　　图 3-42 加热及拆卸

注意：判定焊锡有无完全熔化可以将主板芯片用镊子往下按压，如有焊锡溢出说明此时可以进行拆卸动作，切忌在焊锡未完全熔化时强行拆卸芯片。

（5）去除余锡：芯片取下后，芯片的焊盘与电路板焊盘上都有余锡，此时在主板焊盘上加适量的锡丝（助焊膏），用电烙铁将板上多余的焊锡缓慢去掉，在清除过程中可适当上锡，使线路板的每个焊脚都光滑圆润，然后再用酒精将芯片和机板上的助焊剂洗干净，除焊锡的时候要特别小心，否则会刮掉焊盘上面的绿漆或使焊盘脱落，如图 3-43 所示。

（6）清除底胶：设置热风枪温度为 150℃，并用棉签涂助焊剂于 PCB 上残胶处，在放大镜下用热风枪及尖头镊子清除残胶，如图 3-44 所示。

　　　　　　　　　　　　　　　　　　　　　（a）　　　　　　　　　　（b）

图 3-43 去除余锡　　　　　　　图 3-44 清除底胶
　　　　　　　　　　　　　　（a）涂助焊剂　（b）清除残胶

任务七　测试与总结

【学习目标】

（1）对学生进行考核测试，表扬优秀学生，提高学习兴趣。
（2）总结所学知识与经验，使技术得到升华。

【学习地点】

实训室

【学习课时】

4 课时

【学习过程】

一、考核测试

(1) 小组展示工作成果,推荐 2 名或 3 名学生进行考核测试。

(2) 推选表现前 3 名的优秀团队,对比自己所在的组找出差距,填写表 3-16。

表 3-16

组号	值得你学习的地方	还需改进的地方
1		
2		
3		

二、工作总结

(1) 总结所学到理论与实操知识。哪些知识学得比较好,哪些还未完全掌握。

(2) 在今后的学习中要注意哪些方面等。

三、综合评价(见表 3-17)

表 3-17

项目	自我评价			小组评价			教师评价		
	8~10	6~7	1~5	8~10	6~7	1~5	8~10	6~7	1~5
总结									
工作任务一									
工作任务二									
工作任务三									
工作任务四									
工作任务五									
工作任务六									
工作任务七									
总评									